LE
CHASSEUR CRÉOLE

J. NIALUOP

LE CHASSEUR CRÉOLE

LE FUSIL
LES MUNITIONS ET LES TIRS

ANECDOTES

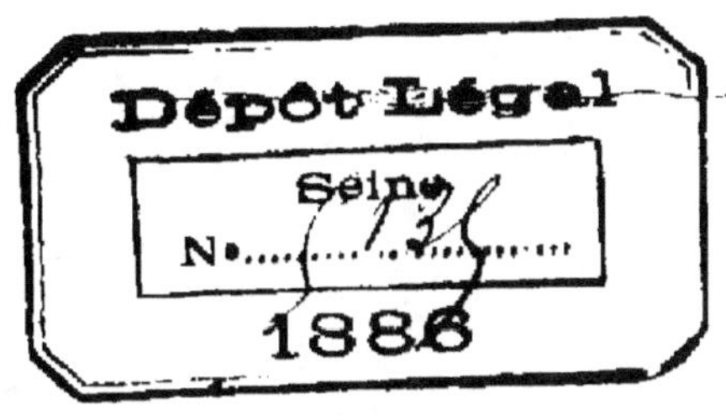

PARIS

TYPOGRAPHIE GEORGES CHAMEROT

19, RUE DES SAINTS-PÈRES, 19

1886

PRÉFACE

RÉPONSE A MON AMI L.

Vous commencez à chasser le petit gibier, et désirez vous livrer avec quelque succès à ce plaisir. Les lignes que je vous adresse vous permettront d'atteindre ce but.

Je vous parle d'abord d'une manière générale du fusil de chasse à deux coups, puis je vous entretiens particulièrement du calibre 16 et des munitions et modes de chargement qui peuvent lui convenir, pour m'occuper ensuite des positions du tireur et des différents tirs.

Enfin je termine, puisque vous le voulez bien,

en vous racontant les petites chasses que j'ai faites dans l'île Maurice et dans l'Inde, en même temps que quelques chasses au tigre, dont les incidents dramatiques vous impressionneront comme ils m'ont impressionné moi-même quand mon chef batteur m'en fit le récit.

Puissent ces lignes vous permettre, durant vos pérégrinations cynégétiques, d'éprouver souvent de ces émotions inexprimables, qui, dans ce climat doux et sous ce ciel bleu, font si agréablement battre notre cœur.

JULES NIALUOP.

LE
CHASSEUR CRÉOLE

LE FUSIL

Un fusil de fabrication soignée,
Convenablement proportionné, couché, et
équilibré;
Des munitions de choix;
De l'observation, du jugement, du coup d'œil
et du calme,
Tels sont les détails qui réunis concourent au
succès.
Un fusil est de fabrication soignée :
1° Quand son canon double est juste et suscep-
tible de ne se dilater que fort peu (c'est-à-dire
le moins possible) pendant l'inflagration de la
poudre;
2° Quand, à ce même moment, aucune désar-

ticulation ou dissociation des pièces ne se produit;

3° Quand, durant l'armement, les batteries rendent un son métallique, et que les chiens ne réclament pas, à peu de chose près, plus de 12 livres de force à la fin comme à l'origine de leur course;

4° Quand les détentes tout en ne réclamant pas plus de 500 grammes de force pour agir, permettent d'être fixé sur le moment exact du départ du coup.

Les canons sont justes (primo) quand ils sont assemblés sous un angle qui permet aux plans verticaux passant par leur axe de se rencontrer à 35 mètres environ, dans le plan vertical passant par la ligne de mire [1].

1. On assemble ainsi les canons pour remédier à l'effet nuisible dû à la poussée en arrière des gaz de la poudre au moment de l'inflagration, et pour remédier aussi à la dilatation plus sensible des canons, qui sur le plan commun à leur axe se produit sur le côté opposé à leur assemblage.

La poussée en arrière produite par chaque charge tirée séparément, n'agissant directement que sur une moitié longitudinale de la crosse, oblige celle-ci à faire décrire aux canons, sur le plan commun à leur axe, un petit arc de cercle de gauche à droite quand c'est le canon droit qui fait feu, et de droite à gauche quand c'est le canon gauche.

La convergence des canons est telle, qu'au moment de

Outre cette convergence sous un angle de, les canons doivent avoir leur axe dans un même plan perpendiculaire au plan vertical passant par la ligne de mire.

Quand ils répondent à ces deux conditions ils sont bien assemblés, bien garnis et justes.

Il faut que les canons soient susceptibles de ne se dilater que fort peu, c'est-à-dire le moins possible.

Quand cette dilatation est très sensible, l'espace réservé aux gaz produits par la combustion de la poudre se trouvant sensiblement augmenté, la pression diminue, et les plombs ne reçoivent, plus toute l'impulsion qu'ils réclament pour certaines distances devenues dès lors accidentellement trop grandes [1].

la sortie de la charge de plomb, celui tirant a son axe placé parallèlement au plan vertical passant par la ligne de mire. On conçoit que s'ils étaient assemblés de telle sorte que l'axe de chacun d'eux fût parallèle audit plan vertical, ce parallélisme cesserait d'exister dès que l'inflagration de la poudre mettrait les canons en mouvement. On conçoit aussi qu'alors, le milieu de chaque charge, au lieu de suivre un plan parallèle très voisin du plan vertical passant par la ligne de mire, s'écarterait dudit plan à mesure que la charge s'éloignerait du canon, faisant ainsi porter trop à droite la charge du canon droit, et trop à gauche celle du canon gauche.

1. Pour charger le Lefaucheux on se sert de cartouches

Le tonnerre en se dilatant produit un autre inconvénient beaucoup plus sérieux, celui de faire basculer le canon autour du tourillon qui lui sert de point d'appui; en effet, l'extrémité du canon, plongeant alors, fait baisser le coup, d'autant, que cette dilatation est plus grande et que le tourillon de bascule est moins éloigné de la tranche du tonnerre.

On s'est décidé à mettre d'abord un verrou, puis deux, pour empêcher ce mouvement de se produire, et pour profiter, par cette association plus intime, de la force d'inertie du canon en temps opportun. Or ce temps est comme on le sait très court, et l'on sait aussi que le moindre retard rendrait inutile cette force d'inertie si précieuse de laquelle dépend beaucoup la portée.

faites, soit avec des douilles en carton, soit avec des douilles en métal (à parois fines pour qu'elles ne prennent pas dans le canon après le départ du coup).

Avec une charge insuffisante pour produire la dilatation du canon, le carton (toujours compressible) permet l'augmentation nuisible du volume réservé aux gaz. Avec une charge capable de dilater le canon, il permet à celui-ci de diminuer la sienne. D'après cela les douilles en métal sont préférables pour les charges incapables de faire dilater le canon tandis que celles en carton le sont pour celles capables de produire cet effet, la dilatation du canon étant plus nuisible que ne l'est le plus souvent la diminution de pression.

Ces deux buts n'étant encore qu'imparfaite-
ment atteints avec deux verrous, on en a mis
un troisième qu'on a fait entrer dans une pièce
faisant saillie sur la tranche du tonnerre.

Cette association (de la crosse et du canon
ainsi formée, reste intime le plus souvent quand
le fusil est neuf, mais dès que plusieurs charges
très fortes ont été tirées, la dissociation se produit et se trahit soit par un mouvement du
canon, soit par un crachement que l'on constate
souvent avec de mauvaises douilles.

Le fusil à baguette n'a pas tous ces inconvénients; associé humblement à la crosse avec
un modeste verrou, il donne une pénétration
bien supérieure à celle des fusils à canons basculants (toutes choses égales d'ailleurs).

Pourquoi en est-il ainsi :

1° Parce que la force d'inertie du canon est
opposée d'une manière immédiate à l'effort en
arrière des gaz, par l'association intime du tonnerre avec le canon auquel il est vissé. Avec les
systèmes Lefaucheux, cette résistance n'est pas
opposée d'une manière immédiate, puisqu'on ne
profite de la force d'inertie du canon qu'avec le
secours de la crosse, intermédiaire qui ne sera
jamais associé au canon d'une manière aussi
intime et durable que l'est le tonnerre du fusil

à baguette avec le sien[1]. La portée est plus grande encore avec les fusils à baguette.

2° Parce que la forme très conique de la chambre de la poudre s'oppose à la dilatation du tonnerre ;

3° Parce que la force expansive des gaz au lieu d'agir, comme dans les canons basculants, près de l'extrémité d'un tube ouvert, agit plus à l'intérieur de ce tube.

En rendant donc très conique la chambre de la poudre dans les douilles, on permettra à la dilatation et au basculage du canon de diminuer.

En plaçant le tourillon un peu plus loin de la tranche du tonnerre on empêchera le canon de plonger autant, et réciproquement le coup de baisser sensiblement[2].

---

1. La crosse n'ajoute qu'une faible fraction de la force d'inertie de son poids parce que la décomposition de l'effort décomposition due à l'angle que la crosse forme avec le canon veut qu'il en soit ainsi. Cette fraction est d'autant plus importante que cet angle est plus obtus ; et la crosse opposerait toute la force d'inertie qu'elle pourrait opposer à un effort horizontal, si son axe était sur celui prolongé des canons.

La résistance opposée par l'épaule (si la crosse y est bien appuyée), serait aussi plus utile parce qu'elle serait alors diamétralement opposée à l'effort en arrière des gaz.

2. Les canons se coulissant dans l'affût me paraissent préférables à ceux basculants, le mécanisme doit être

Enfin en unissant intimement la cartouche au canon, comme en la vissant dans le tonnerre par exemple, on jouira sans retard de la force d'inertie du canon.

On obtiendra dès lors avec les fusils à canons basculants les avantages précieux et durables donnés par les fusils à baguette.

Les canons les plus estimés se fabriquent généralement à des températures peu élevées; et leur prix qui est souvent le double et même le triple de ceux ordinaires est dû aux matières premières de choix qu'ils réclament, et aussi au travail plus long et plus délicat qu'ils nécessitent.

Les meilleurs sont :

Les Léopold Bernard, ou de Paris;

Les damas anglais fabriqués avec des clous de fer à cheval, des ressorts de voitures;

Les damas d'acier laminé.

On fabrique aussi des canons d'acier décarburé, des canons en fer tordu ou non, des rubans de damas frisés.

Vous trouverez dans les ouvrages d'hommes du métier tous les détails concernant la fabrication.

beaucoup plus simple et solide, et l'association plus intime et plus durable doit donner un résultat certainement meilleur.

Je sais *grosso modo* que des barres d'acier et de fer sont mises à la forge, puis martelées et étirées, et qu'après avoir subi une torsion, elles sont tournées en spirale autour d'un tube en tôle mince qui disparaît pendant les autres opérations. On soude alors cette spirale que l'on martèle jusqu'à ce qu'elle ait la forme d'un canon. Puis on recommence cette opération en abaissant chaque fois la température ; certains fabricants finissent même, paraît-il, par marteler à froid.

Le canon est ensuite foré, alezé et poli (de préférence en long), on fixe les tenons d'accrochage et on assemble les canons. Les soudures à l'étain sont préférées parce qu'elles réclament une température moins élevée que celle en cuivre.

Puis vient le bronzage qui a pour but d'empêcher les reflets métalliques qui gênent le tir. Il s'opère ordinairement au moyen d'un acide que l'on laisse séjourner plus ou moins longtemps, et l'oxydation produit cette teinte sombre.

Il y a plusieurs canons différant les uns des autres par les formes de l'âme intérieur). Je ne les connais que pour les avoir vus dessinés. Mais je me demande franchement quels avantages sérieux peuvent procurer ces formes bizarres. Je ne puis vous en parler, ne m'en étant jamais servi. Mais voici ceux qui me paraissent les plus naturels.

Le canon cylindrique que vous connaissez et qui est avec raison le plus employé.

Le Chokebore et le full-choke dont l'âme cylindrique dans la plus grande partie diminue de diamètre à quelques centimètres de la gueule.

Le full est plus étranglé que le choke.

Ces deux derniers sont dignes d'attention.

Dans ces sortes de canons, une partie de la charge éprouve, il est vrai, un choc dû à l'étranglement, mais cet étranglement procure deux avantages plus grands que cet inconvénient :

1° La condensation de la charge de plomb, qui dès lors donne une meilleure garniture ;

2° Une obturation hermétique opérée par les bourres qui se trouvent forcées dans cette partie.

Pendant que, d'une part, la somme des résistances opposées par l'air se trouve diminuée par le fait de la condensation de la charge de plomb, d'autre part, la somme de puissance entretenant le mouvement cesse de diminuer un instant, par suite d'une retenue plus sérieuse de la pression.

Mais c'est surtout à la condensation de la

charge qu'il faut attribuer l'avantage d'une plus grande pénétration ou portée et d'une meilleure garniture, attendu que la retenue de la pression s'effectue trop tard et trop loin pour être une retenue bien efficace.

Les platines doivent être telles qu'elles permettent au tireur d'être fixé sur le moment exact du départ du coup, il ne peut en être ainsi qu'avec les platines de choix qui, seules, permettent les détentes douces indispensables pour atteindre ce but.

Pour suivre la pièce avec l'extrémité du canon et pouvoir passer facilement devant elle, au moment de tirer, on est obligé (pour les tirs en travers surtout) de donner une certaine liberté à la crosse, c'est-à-dire qu'on ne l'appuie pas comme pour tirer au posé ; dès lors, la moindre imperfection peut (avec un fusil léger surtout) déranger le canon durant le mouvement qui s'impose [1]. Les imperfections des platines sont

1. Le cran trop profond d'une noix, dans lequel la gachette serait entrée profondément, permettant qu'un certain temps s'écoule pendant qu'on presse la détente, le tireur en épaulant légèrement relèvera instinctivement le canon pendant ce temps et quand le coup partira il portera trop haut. Si la détente est sèche et dure, le canon est abaissé et tiré à droite (coup de doigt).

La détente ne peut être douce qu'avec des ressorts

d'autant plus nuisibles que les canons sont plus légers, tandis qu'elles sont souvent insensibles avec les canons lourds dont la force d'inertie plus grande s'oppose en partie aux mouvements des canons et à leur ralentissement ou arrêt [1].

doux, et pour que les ressorts, tout en étant doux, puissent en même temps conserver en se détendant assez de force pour permettre aux chiens de marteler assez puissamment le fulminate, il faut qu'ils soient de qualité supérieure.

Dans les fusils bon marché, les platines étant forcément de qualité inférieure, les ressorts en se détendant ne pourraient plus conserver la force suffisante pour faire partir le fulminate, s'ils n'étaient pas, une fois tendus, plus forts que ceux de qualité supérieure; on les fait donc tels pour que, malgré la déperdition graduellement plus sensible qu'ils éprouvent durant leur détente, ils puissent encore conserver assez de force pour faire partir le fulminate quand les chiens font agir les percuteurs.

Avec des ressorts très forts on pourra évidemment en limant avec art le biseau de la gachette permettre (à l'aide d'une faible pression sur la détente) de faire partir les chiens, mais on n'aura alors qu'une détente sèche et souvent dangereuse.

1. La force d'inertie qu'un canon oppose au recul dépend du poids et de la position du canon, tandis que celle entretenant le mouvement de translation dépend en outre de la position occupée par la main gauche et enfin du rapport des bras de levier du fusil. On remarquera qu'avec deux fusils ayant un canon d'un même poids et tenus avec la main gauche à égale distance de la sous-garde, la force d'inertie entretenant le mouvement de translation ne sera le même qu'autant que le point d'appui propre au fusil lui-même sera pour les deux à égale distance de la sous-garde.

La chasse au bois réclamant en général un fusil léger (à cause du tir rapide qui s'y impose souvent), les batteries ou platines de ces armes devront être parfaites.

Il faut qu'un fusil soit bien couché, équilibré et proportionné.

Pour choisir un fusil ayant une couche convenable, on épaule d'ordinaire en ajustant un point fixe ; et quand après tâtonnements on est arrivé à apercevoir le guidon en face de ce point, on pense que la couche est bonne. D'autres ajustent (toujours un point fixe) en épaulant à plusieurs reprises très rapidement. Ce second moyen est moins mauvais que le premier, mais dans l'un et l'autre cas on corrige plus ou moins rapidement les imperfections relatives de la couche.

Puisque la crosse que l'on cherche est celle qui permet de tomber naturellement en joue, de façon qu'après cette opération le rayon visuel rasant le milieu de la bride passe par le guidon, cette crosse cherchée sera celle qui aura permis au rayon visuel de tomber ainsi, sans que durant l'épaulement et la mise en joue aucune correction se soit produite.

Eh bien, tant qu'on aura les yeux ouverts en portant l'arme à l'épaule et en posant la joue

sur la crosse, on ne pourra s'empêcher de se
livrer aux mouvements capables de corriger les
imperfections relatives de la couche ; en effet,
tantôt on fera glisser la crosse le long de l'épaule,
tantôt on appuiera davantage la joue ; tous ces
mouvements sont si tentants devant une couche
qui ne peut convenir qu'il me paraît difficile
sinon impossible de les éviter en ayant les yeux
ouverts en portant à l'épaule.

Fermez donc les yeux, et épaulez naturellement comme à la chasse, mettez ensuite en joue,
puis ouvrez l'œil droit. Si dans cette position le
rayon visuel, en rasant le milieu de la bride,
aperçoit le guidon, c'est que la couche est convenable pour les tirs aux distances ordinaires.

Si la différence entre la mauvaise et la bonne
couche n'est pas trop grande, on peut agir simplement sur la crosse, en la faisant couper au
bec si le canon tombe trop haut et au talon s'il
tombe trop bas. La base de l'angle formé ainsi
par la partie du bois à enlever ne devra pas dépasser 4 à 6 mill. ; s'il était nécessaire de couper
davantage, il serait préférable d'agir sur l'arête
des flancs ou de choisir une autre crosse.

Il est bien rare de rencontrer une crosse réunissant toutes les proportions convenables.
Quand sa couche est bonne, c'est quelquefois

l'épaisseur des parties sur lesquelles repose la joue qui laisse à désirer, etc. Pour que l'enjoue soit très bon, il faut que l'épaisseur de la crosse soit telle aux divers endroits auxquels s'applique la joue, que le rayon visuel tombe sur le milieu de la bride. Si cette épaisseur n'est pas assez forte, la tête, se portant trop à droite, fera déborder l'œil du côté droit de la bride. Si dans cette position le chasseur fait partir le coup, la charge frappera à droite du point visé, parce que la ligne droite partant de l'œil au point visé (quoique passant par le guidon) coupera la bride en diagonale au lieu de tomber sur la ligne longitudinale du milieu, qui est le côté commun aux deux rectangles égaux formés par la partie droite et la partie gauche qu'elle sépare. Si la crosse est trop épaisse à l'endroit de l'enjoue, c'est l'effet contraire qui se produira, et le chasseur tirera trop à gauche.

Pour être fixé sur l'épaisseur et la hauteur convenables des flancs de la crosse, on prend un carton ayant 7 à 8 cent. de long sur 4 à 5 de large environ sur lequel on dessine (par une simple ligne) le contour des canons et de la bride à l'endroit des tonnerres; puis on trace sur la ligne supérieure de la bride un petit rectangle ayant 2 mill. de haut sur 1 mill. 1/2 de large; ensuite on découpe en suivant les lignes.

Pinçant ensuite perpendiculairement les canons à l'endroit des tonnerres, on ferme les yeux, épaule, met en joue, et on ouvre l'œil droit; si dans cette position on aperçoit le guidon par la petite fenêtre, c'est que l'épaisseur des flancs et la hauteur de leur arête sont convenables; dans le cas contraire on corrige les flancs jusqu'à ce qu'on aperçoive le guidon [1].

Une fois ces corrections faites, on devra s'exercer souvent en ajustant rapidement des objets ou oiseaux etc., en mouvement, tantôt avec le carton à cheval sur le canon, tantôt sans lui. Un quart d'heure d'exercice pendant sept ou huit jours suffira pour faire mieux tirer.

Un défaut en corrige souvent un autre.

Si votre crosse est trop épaisse, vous tirez trop à gauche; si votre détente est trop dure et le canon relativement léger, vous subissez un moment d'arrêt qui vous fait tirer derrière. Quand, avec ces deux défauts réunis, vous tirez une perdrix en travers volant de droite à gauche, le coup porterait trop devant elle si la crosse était

1. Ce carton vous permettra en outre de corriger la couche, en touchant, comme je l'ai déjà dit, au talon ou au bec de la crosse suivant que le guidon tombera trop bas ou trop haut.

seulement trop épaisse, puisqu'elle vous ferait tirer à gauche, mais comme la détente dure vous a obligé à subir un moment d'arrêt, le premier défaut se trouve corrigé par le second.

C'est tout le contraire qui arrivera naturellement quand la perdrix passera en travers de gauche à droite, en effet, tirant déjà trop à gauche à cause d'une crosse trop épaisse, le retard occasionné par la détente dure ne fera qu'augmenter encore la distance en arrière qui séparera la perdrix de la charge.

Les défauts se compensant tantôt, s'associant un instant après, pour être plus nuisibles que séparément, sans doute, expliquent pourquoi le chasseur ne peut souvent se rendre compte de ses coups, ceux manqués surtout!...

L'enjoue réclame un grand calme. Si on pouvait porter rapidement la crosse à l'épaule, puis mettre doucement en joue, on ajusterait très bien le plus souvent, mais cette transition brusque d'une action vive à une action lente et calme est malheureusement difficile à opérer convenablement; d'elle dépend cependant beaucoup la réussite.

La précision est d'autant plus facile et fidèle que le rapport des distances de l'œil au guidon et du guidon à la pièce, est plus petit.

D'après cela, une longue crosse et un long canon diminuant ce rapport, sont tous deux favorables à la précision.

Mais la longueur de la crosse est limitée par celle des bras, et la longueur du canon l'est (avant tout) par la surface que doit garnir la charge de plomb.

Pour fixer la longueur de la crosse du fusil pour chasse en plaine, il suffira de mesurer le bras depuis son origine jusqu'à l'extrémité du médium, et de prendre la moitié de cette longueur qui représentera la distance à laquelle la détente du coup gauche devra se trouver du milieu de la plaque d'épaulement [1].

La longueur du canon devra être telle que ce canon puisse garnir la surface raisonnable désirée à la distance moyenne de tir. Les canons de qualité inférieure écartant beaucoup plus que les autres (parce qu'ils se dilatent davantage), on est obligé de les faire plus longs que les bons canons, pour obtenir une surface garnie qui ne

1. La chasse au bois impose une dérogation à la règle de proportion entre les bras et la crosse. Pour cette chasse, la crosse doit avoir deux centimètres de moins que la longueur du bras. Le canon 60 centimètres avec le coup gauche chokebore ; son poids 4 kilog. environ. Point d'appui du fusil à 12 cent. en avant de la sous-garde.

soit pas plus grande que celle des bons canons.

On conçoit dès lors que cette dilatation variable empêche de fixer une longueur uniforme pour tous les canons (puisque les uns sont d'une qualité, les autres de l'autre), tandis qu'on peut le faire pour la crosse qui, elle, dépend de celle des bras.

D'après ce qui précède, il résulte qu'avec un canon de bonne qualité (c'est-à-dire relativement court) on tirera avec succès aux distances voisines de celle moyenne, mais que quand on voudra tirer à celles que permettrait encore la garniture, la précision laissera à désirer, parce que le rapport des distances de l'œil au guidon et du guidon à la pièce, sera trop grand.

Avec un canon de qualité inférieure (relativement long par conséquent) on pourra ajuster avec plus de précision, mais on renoncera à tirer alors de loin, la dilatation plus sensible d'un canon de qualité inférieure ne permettant plus la pénétration suffisante pour tuer les pièces ainsi éloignées.

Enfin, si l'on prend un long canon de bonne qualité pour obtenir la précision, la portée et la garniture réclamées par les grandes distances auxquelles on veut tirer, on ne pourra plus le plus souvent tirer avec succès aux distances inférieures à celle moyenne, puisqu'alors la surface garnie par un tel canon serait trop petite.

Les canons courts ne donnent pas moins de pénétration que ceux longs de qualité semblable, ils écartent seulement davantage.

Il arrive souvent que la portée ou pénétration que donne un canon est suffisante pour arrêter la pièce, et que cependant le chasseur s'abstient de tirer! pourquoi? Est-ce parce qu'il craint vraiment que l'écartement des grains soit trop grand? Non, ce qui l'arrête le plus souvent c'est la difficulté qu'il éprouve à obtenir et maintenir la précision dès que la pièce se trouve au delà de la distance moyenne. Il le sait et s'abstient la plupart du temps d'épauler.

Or pourquoi cette seconde crainte agit-elle plutôt que la première ? Parce que la première ne lui vient pas la plupart du temps à l'esprit au moment opportun, la preuve c'est que la plupart du temps il tire dès qu'il croit tenir la pièce tandis que quand par hasard il a oublié la seconde, il s'en aperçoit en mettant en joue.

En lui permettant d'obtenir et de maintenir facilement la précision avec un canon court de bonne qualité, on lui aura donc permis d'éliminer la principale cause de son abstention. Il tirera donc plus souvent à de grandes distances et souvent même avec succès avec ce canon court de bonne qualité, parce que contrairement à ceux de qualité inférieure son degré de pénétration sera suffisant pour que quelques grains de plomb seulement arrêtent la pièce. Sans doute, avec un long canon de semblable valeur, le résultat désiré serait alors mieux atteint, mais par contre ce dernier serrera trop le coup, je le répète, pour pouvoir circonscrire une surface suffisante aux distances inférieures à la moyenne, distances auxquelles on tire le plus souvent les premiers jours.

Avec les fusils actuels on ne peut donc plus tirer bien de près, dès qu'on peut tirer convenablement de loin, et on se trouve dès lors placé entre deux alternatives entre lesquelles l'esprit après avoir longtemps balancé finit enfin par se fixer. Et à quel canon s'est-il arrêté ? Ni à celui court (65 c.) ni à celui long (75 c.). Il a choisi un 16 de 70 centimètres. Mais à l'ouverture, le chasseur l'a trouvé trop long encore, et l'a fait couper. Puis huit jours après, les perdreaux commençant à partir loin, il lui était impossible de tenir facilement la pièce à ces distances, et s'en prenait à ses cartouches, à son armurier et voire même au garde champêtre.

Pour pouvoir diminuer le rapport entre les

deux distances (de l'œil au guidon et du guidon
à la pièce) j'ai fait visser le guidon sur une petite règle de 2 à 3 millimètres de large, de
8 à 10 centimètres de long, d'un millimètre
d'épaisseur, laquelle règle se coulissant dans la
bride, permet d'avancer à volonté le guidon. La
distance qui le sépare de l'œil se trouvant ainsi
augmentée, le rapport plus petit, duquel dépend
beaucoup la précision fidèle, pourra dès lors
être obtenu.

Un canon cal. 16 de bonne qualité ayant
68 centimètres de long, et muni de cette règle,
sera toujours convenable en plaine.

Un fusil est plus ou moins brisé, plus ou
moins couché. Il est d'autant plus brisé que
l'angle formé par l'axe des canons et celui de
la crosse est moins obtus, et il est d'autant plus
couché que l'angle formé par le plan prolongé
de la bride et celui de la plaque d'épaulement
est plus aigu.

Nous appellerons le premier : Grand angle,
et le second, Petit angle, si vous le voulez bien.

On épaulera d'autant plus vite que le grand
angle sera plus obtus et le petit angle moins
aigu (ou sera droit), mais on ajustera moins sû-
rement, le canon alors jouissant d'une certaine
liberté dont il profite pour tournoyer autour de

la ligne droite partant de l'œil à la pièce. C'est
ce motif qui fait qu'avec une arme ainsi con-
ditionnée le tir rapide s'impose, attendu que
celui lent ne peut que favoriser ce tournoiement
du canon avec cette disposition de la plaque
d'épaulement.

On brise les fusils le moins possible pour permettre sans trop renverser le buste d'épauler et
de mettre en joue les pièces se trouvant beaucoup au-dessus du plan horizontal passant par
l'épaule du tireur, et pour opposer au recul une
résistance se rapprochant davantage de celle
diamétrale qu'opposerait la crosse si son axe se
trouvait sur celui prolongé des canons. Et on
les couche pour permettre un épaulement naturel donnant à la crosse une certaine assise qui
empêche en grande partie les petits mouvements du canon.

Donc qu'avec un fusil très peu brisé et très
peu couché on peut moins difficilement ajuster
en l'air, puis opposer une plus grande résistance
au recul, mais sans éviter les tournoiements du
canon. Cette résistance au recul ne peut être
obtenue avec un tel fusil que si la crosse est
convenablement appuyée à l'épaule. Or, pour
qu'il puisse en être ainsi, il est indispensable
que le chasseur possède tout son calme au mo-

ment de cette action ; s'il ne le possède pas, cette action, se trouvant précipitée, imposera un épaulement léger qui ne permettra plus de jouir de la résistance sérieuse désirée (le fusil ne se trouvant pas appuyé à l'épaule), pas plus que ledit épaulement ne permettra au fusil couché de jouir de l'assise indispensable pour empêcher les petits mouvements du canon.

Ceux qui ne possèdent pas un grand calme préfèrent donc dès lors souvent s'appliquer à pratiquer le tir rapide en prenant un fusil aussi peu brisé que possible, ayant le petit angle droit (c'est-à-dire avec la plaque d'épaulement perpendiculaire au plan prolongé de la bride et de l'axe des canons). Le tir précipité n'est malheureusement pas favorable aux longues portées, et il est en outre bien dangereux dans certaines circonstances. Il vaut donc mieux s'appliquer autant que possible à pratiquer le tir posé, qui est plus sérieux. Pour arriver à posséder le calme réclamé par le tir posé, la volonté est d'un grand secours ; en effet il suffit le plus souvent de vouloir fermement, pour mettre en pratique le moyen suivant que je regarde comme souverain pour amener graduellement le calme. (J'en parle par expérience.)

Quand vous chasserez en plaine, laissez partir les premières pièces sans épauler (et en tenant le fusil dans l'attitude de chasse). Ne tirez que quand le départ de la pièce ne vous aura fait faire aucun mouvement brusque (sorte de secousse qui fait serrer le fusil dans les mains). A la 4e perdrix, le calme sera venu ; si par hasard (ce qui serait surprenant) il en était autrement, comptez jusqu'à 8 avant d'épauler. Si vite que vous puissiez compter, le temps écoulé pour le faire sera suffisant pour éliminer les effets de l'émotion éprouvée au départ de la pièce.

A la fin de la journée vous vous féliciterez de votre détermination.

Le fusil qui, à mon humble avis, conviendra le mieux à chacun, devra être fait d'après la règle suivante (sachant déjà que la distance qui séparera la détente du coup gauche du milieu de la plaque d'épaulement devra être représentée par la moitié de la longueur de celle du bras depuis son origine jusqu'à l'extrémité du médium).

Règle : « La perpendiculaire abaissée du plan prolongé de la bride sur le milieu de la plaque d'épaulement devra avoir un sixième en moins que celle abaissée du plan horizontal de l'œil sur le milieu de l'épaule. »

Ceux qui auront un cou extraordinairement

long, auront naturellement un fusil très brisé.

Ceux-là chargeront un peu moins fort (or c'est l'exception) mais épaulant plus naturellement ils tueront mieux, c'est-à-dire plus souvent qu'avec un fusil insuffisamment brisé qu'ils chargeraient plus fort sans relever.

Pour les tirs rapides l'angle formé par l'intersection des plans prolongés de la bride et de la plaque d'épaulement devra être droit. Pour les tirs sérieux, cet angle devra être d'autant plus aigu qu'on voudra (en appuyant la crosse) avoir un épaulement plus posé. Mais le plus aigu devra être tel, qu'une distance de 2 centimètres seulement sépare le bec de la crosse de la perpendiculaire abaissée du plan prolongé de la bride et rasant le talon de la crosse.

Nous avons remarqué tous, combien est difficile le tir des pièces volant beaucoup au-dessus du plan horizontal passant par l'épaule, et nous savons qu'il en est ainsi surtout avec les fusils très brisés, parce que l'épaulement et l'enjoue ne peuvent alors être obtenus que difficilement. Or avec les nouvelles crosses dites auto-motrices, que j'ai vues rue Vivienne, cet inconvénient disparaît. En effet quelle que soit l'inclinaison du canon, l'enjoue et l'épaulement peuvent s'effectuer sans réclamer le moindre mouvement du buste ou de l'épaule. Avec la crosse ordinaire il ne faut pas songer à pouvoir obtenir un tel résultat. Il suffit donc de s'habituer un peu à elle pour améliorer sensiblement son tir : et, on le sera, j'en suis convaincu, dès qu'on aura chassé une seule fois avec.

Les quelques petites règles et moyens simples que j'ai déjà donnés, de même que ceux que je donnerai, ont tous pour but de faire profiter des avantages, dans la limite du possible, chacun d'eux commençant à devenir un inconvénient dès qu'il nuit à un autre avantage dans une proportion plus grande que l'utilité relative de son propre excès. Si par exemple le poids de la crosse est tel que le point d'appui ne tombe qu'à 1 centimètre en avant de la sous-garde, la facilité exagérée de déplacer plus rapidement le canon, procurera un excès d'utilité qui ne compensera pas l'excès d'inconvénient de l'épaulement trop lent effectué avec une telle crosse, ni la perte de la force d'inertie si nécessaire du canon durant son mouvement rapide de translation réclamé par les tirs en travers.

Le point d'appui devra être à 4 ou 5 centimètres en avant de la sous-garde pour les bons fusils ne tirant que des pièces se trouvant au-dessus du plan horizontal passant par l'œil du tireur.

Il devra être à 8 centimètres pour ceux (bons également) appelés à tirer avec toutes les inclinaisons du canon.

Et enfin à 10 ou 12 centimètres, pour ceux ne tirant que les pièces qui se trouvent au-dessous du plan horizontal passant par l'épaule du tireur.

Avec les fusils communs, les canons longs s'imposant, comme nous l'avons vu, on sera obligé de laisser le point d'appui plus éloigné de la sous-garde, attendu que si on voulait le rapprocher autant que dans les bons fusils, la crosse, qu'on serait obligé de rendre plus lourde en introduisant du plomb à son extrémité, deviendrait d'un trop grand poids pour être portée à l'épaule aussi rapidement que le réclament le plus souvent les circonstances.

On voit d'après ce qui précède que, pour que le point d'appui se trouve toujours là où il faudrait pour permettre au fusil de se prêter aux diverses inclinaisons réclamées par les tirs, il serait nécessaire qu'il se déplaçât pour se porter rapidement tantôt à 10 ou 12 centimètres en avant de la sous-garde, tantôt à 4 ou 5 seulement.

Pour arriver à rendre le point d'appui mobile, j'ai songé à introduire dans la crosse un tube contenant du mercure dans un tiers de son volume. lequel tube serait placé parallèlement au plan prolongé de la bride du canon. On comprend de suite que, quand le canon commencera à s'incliner pour pointer une pièce au-dessous du plan horizontal passant par l'épaule du tireur, le mercure se portera en avant dans le tube et permettra au canon de baisser plus facilement; de même qu'on comprend facilement aussi que si le canon commence à se relever pour pointer une pièce se trouvant dans un plan au-dessus de celui horizontal passant par l'épaule du chasseur, le mercure se portant à l'arrière du tube aidera le canon à se relever.

Il faut essayer, et je ne l'ai pas encore fait. La pratique prouvera, j'en suis convaincu, que pour le tir posé les avantages de ce tube ainsi placé sont plus grands que les rares inconvénients qu'il peut faire naître.

Le fusil dont nous nous servons est comme on le voit loin de répondre à toutes les exigences raisonnables. Il est impossible de pouvoir épauler toujours en conservant le corps droit, tantôt il faut renoncer à l'enjoue parfait, tantôt à l'épaulement ne laissant pas à désirer; et quand on veut comme le plus souvent tâcher d'obtenir l'un et l'autre en même temps, on est obligé soit de faire mouvoir le buste, soit l'épaule. Ces inconvénients vont, je le répète, disparaître avec la crosse auto-motrice, et on pourra dès lors pointer très rapidement et aisément sans se livrer à ces mouvements extravagants capables de rendre jaloux Polichinelle.

POUDRE, PLOMB
MODES DE CHARGEMENT

De la qualité des munitions et du mode de chargement dépendent aussi les résultats. Si l'un ou l'autre laisse à désirer, vous pouvez, tout en tirant bien, blesser seulement ou manquer même, et vous en prendre à votre fusil ou croire que vous avez mal ajusté. Aussi les munitions et modes de chargement méritent-ils votre attention autant que les divers détails concernant le fusil lui-même.

La poudre noire superfine doit avoir un certain brillant qu'elle perd dès qu'elle se trouve exposée à l'humidité ou même simplement longtemps à l'air; dans ce dernier cas elle devient en même temps d'un noir faux tirant sur le rouge. On dit alors qu'elle est éventée. Sa

force laisse dans ce cas absolument à désirer.

Pour essayer la poudre je me contente du
vieux moyen qui consiste à enfermer le volume
d'une noisette dans un peu de papier chiffonné
de journal ordinaire, et à y mettre le feu, en se
tenant à distance. Si la poudre enflamme le
papier ou bien le fait brûler sans flamme,
c'est qu'elle est mauvaise, soit parce qu'elle s'est
trouvée altérée, soit parce que les proportions
ou qualités des matières premières ne sont pas
ce qu'elles doivent être.

La première condition pour fabriquer de bonne
poudre c'est d'avoir d'excellent salpêtre [1].

Les compositions des poudres varient comme
vous le savez. Il existe en somme une légère
différence entre les quantités employées.

En général les proportions de salpêtre, soufre
et charbon, sont comme suit pour les poudres
de chasse ou de guerre.

Salpêtre : 75 a 80 0/0.

1. Qu'on obtient facilement pur, depuis l'emploi de la
cendre de bois. Pour cela on fait dissoudre le nitrate de
potasse qui d'ordinaire est mélangé d'une grande quantité
de nitrate de chaux, et on verse dans cette dissolution une
lessive de cendre de bois; il se forme du carbonate de
chaux insoluble qui se précipite, et du nitrate de potasse
qu'on obtient par l'évaporation.

Charbon : 12,50 à 15 et même 17 pour la poudre anglaise.

Soufre : 6 à 10.

La poudre pour produire toute son énergie doit avoir 1 2 pour cent d'eau. Quelques-uns sont d'avis que pour ce motif il n'est pas bon de la faire sécher sur le feu, parce que, disent-ils, la température excessive qui se trouve alors produite par le feu, enlève à la poudre toute son humidité.

Je ne partage pas cette opinion parce que je dis que la poudre est tellement hygrométrique qu'elle absorbera vite l'humidité dont elle a besoin.

Nous avons vu que, pour qu'un fusil, si peu brisé qu'il soit, puisse opposer à l'effort de recul la résistance immédiate permettant une plus grande portée, il était nécessaire que la crosse fût bien appuyée à l'épaule. Nous avons vu aussi que, pour que la crosse puisse être appuyée ainsi, il fallait que le chasseur fût calme afin d'éviter l'épaulement précipité, et qu'il fallait aussi que les mouvements et la direction de la pièce n'imposassent pas une translation rapide du canon, translation qui, comme on le sait, réclame un épaulement léger.

Malheureusement, ces deux conditions se

trouvant rarement réunies, il en résulte que bien rarement aussi on puisse appuyer la crosse de façon à profiter de l'avantage que pourrait procurer un fusil moins brisé.

C'est pourquoi je suis convaincu que, dans les tirs de chasse, c'est la plupart du temps la force d'inertie immédiate du canon qui s'oppose d'une façon sérieuse au recul, tandis qu'il n'en est ainsi que rarement du fait d'un fusil moins brisé. C'est là la cause principale qui permet d'obtenir de meilleurs résultats avec les canons lourds, aussi suis-je d'avis qu'on doit proportionner les charges de poudre au poids du canon des fusils de chasse, avant de tenir compte de l'angle formé par l'axe des canons et celui de la crosse.

Voici les charges de poudre qui, avec les divers poids ci-dessous des canons de bonne qualité, sont capables de donner de bons résultats avec le calibre 16, en admettant bien entendu que l'association du canon avec la crosse ne laissera rien à désirer d'abord, puis en admettant que l'angle formé par l'axe du canon et celui de la crosse sera tel que l'aura déterminé la petite règle que j'ai donnée plus haut, en recommandant à ceux qui ont le cou extraordinairement long de charger un peu moins fort (un quart de gramme en moins que les poids indiqués ci-dessous).

POIDS des CANONS.	FUSIL à BAGUETTE.	INFLAGRATION	
		CENTRALE.	A BROCHE.
kilos.	grammes.	grammes.	grammes.
1.750	4 1/4	4 1/2	5
1.480	4	4 1/4	4 3/4
1.210	3 3/4	4	4 1/2
0.940	3 1/2	3 3/4	4 1/4
0.670	3 1/4	3 1/2	4
0.500	3	3 1/4	3 3/4

Les cartouches ainsi chargées devront l'être avec de la poudre superfine française sortant des boîtes venant d'être ouvertes, pour être tirées trois jours au plus tard après.

En réalité la poudre dépend bien aussi du tempérament du canon, mais si on entrait dans d'aussi minutieux détails la chasse ne serait plus un plaisir, mais un travail, une peine.

Les bourres devront être telles que je l'indiquerai plus loin, de même que leur place.

Voici, pour les bons canons, les charges de plomb convenables. Nous savons déjà que les plus lourds sont seuls capables de supporter sans recul sensible une forte charge de poudre ; ils peuvent aussi supporter une plus forte charge de plomb, une augmentation de la résistance produisant (comme une augmentation de la puissance une plus forte poussée en arrière [1].

Voici un tableau des poids de poudre et de plomb de chaque charge, par rapport au poids des canons. Il s'agit du cal. 16, de la poudre superfine, et du plomb de Paris.

POIDS du CANON.	FUSIL à BAGUETTE.	INFLAGRATION		POIDS de PLOMB.
		CENTRALE.	A BROCHE.	
kilos.	grammes.	grammes.	grammes.	grammes.
1.750	4 1/4	4 1/2	5	34
1.480	4	4 1/4	4 3/4	33
1.210	3 3/4	4	4 1/2	32
0.940	3 1/2	3 3/4	4 1/4	30
0.670	3 1/4	3 1/2	4	28
0.500	3	3 1/4	3 3/4	25

Le même degré de pénétration peut être obtenu, on le sait, soit en augmentant la poudre,

1. Parce que les gaz pour vaincre cette résistance plus grande ont besoin de s'épauler plus sérieusement, puis parce que le retard subi par la bourre de la poudre, par suite de la plus grande résistance qu'elle rencontre, permet à la poudre une combustion plus parfaite.

soit en diminuant le plomb, et le maximum de pénétration relative sera atteint, chaque fois qu'en augmentant la poudre on diminuera le plomb. On diminue la poudre, en employant de gros plombs pour que l'espace circonscrit par les plombs extrêmes et les distances entre les grains ne soient pas trop grands. Ne chargez vos cartouches que la veille ou l'avant-veille si possible, et avec de la poudre sortant des boîtes venant d'être ouvertes.

Pour qu'un coup ne laisse rien à désirer, il faut :

1° Que l'espace garni soit suffisant ;

2° Que la garniture soit convenable ;

3° Que la pénétration soit en rapport avec la résistance à vaincre.

Ce sont ces trois conditions réclamées par le bon coup de fusil que nous cherchons à obtenir, en tirant sur plusieurs feuilles de papier minces, tendues et espacées l'une de l'autre de quelques millimètres.

Pour faire sérieusement ces essais, il faut tirer avec chaque numéro de plomb à différentes distances.

On compte d'ordinaire deux mètres pour trois pas.

Pour réduire en mètres un nombre de pas, il

suffit donc de retrancher le tiers du nombre des pas.

Ainsi 30 pas — 10 = 20 mètres.

Et pour réduire en pas un nombre de mètres il faut augmenter le nombre de mètres de sa moitié.

Ainsi 40 mètres + 20 = 60 pas.

C'est facile à faire comme on le voit.

J'ai vu très souvent attribuer l'insuccès au trop peu d'écartement de la charge, tandis qu'il aurait fallu s'en prendre au défaut contraire. Il arrivait alors qu'on faisait couper le canon ou qu'on prenait un plomb plus gros.

Quand on veut que l'espace circonscrit par les plombs extrêmes soit plus grand (en conservant un écart normal entre les grains de l'intérieur) on prend un plus gros calibre ; mais chaque fois qu'avec un même calibre on voudra obtenir un espace garni plus étendu, l'écart entre les grains de l'intérieur de la charge sera trop grand, le gros plomb, dont on se sera servi pour augmenter la surface garnie, ayant un nombre de grains moins grand pour une charge de même poids. La surface garnie est plus grande parce que le carambolage est plus fort.

C'est donc au détriment de la garniture qu'on

obtiendra avec un même calibre une surface
garnie plus étendue ; et dès lors la pièce passera souvent dans le coup sans être touchée,
tandis qu'il n'en sera pas ainsi avec un gros calibre qui lancera un nombre de grains en rapport avec la surface à garnir.

Renoncez donc à obtenir en même temps avec
un seul calibre la même quantité des avantages
que donnent les autres calibres.

Le 16 est celui qui permet de profiter d'une
partie suffisante de ceux procurés par tous les
calibres, c'est-à-dire qu'il permet aux plombs
limitant la surface garnie de circonscrire un espace suffisant, tout en faisant observer aux grains
de l'intérieur des distances ne permettant pas
d'ordinaire à la pièce de passer dans le coup
sans être bien touchée.

Pour les très bons tireurs la garniture passant avant la surface circonscrite, le calibre 20
avec 3 1/4 grammes de poudre et 25 grammes
de plomb n° 4, 5, 6 est préférable en plaine
pour des distances commençant à dépasser la
moyenne (24 mètres soit 36 pas).

Les bons tireurs craignent en général de voir la
pièce passer dans le coup sans être touchée, tandis que les mauvais tireurs ont la crainte de voir
le coup passer à côté de la pièce ; aussi ces der-

niers tirent-ils le plus souvent avec du gros plomb, tandis que les bons tireurs préfèrent le petit.

Le gros plomb est, on le sait, souvent dangereux surtout dans les terrains accidentés ou pierreux, de même que dans le bois ; aussi serait-il préférable que les mauvais tireurs prissent plutôt un plus gros calibre que de lui préférer le gros plomb, un tel calibre chargé avec du petit plomb permettant de garnir convenablement et sans danger la surface plus grande désirée.

De la qualité et de la disposition du plomb dans les cartouches dépend encore le résultat. En effet, si on se sert de plomb de densité inférieure à celle normale, comme par exemple du plomb contenant du zinc (lequel noircit peu) la portée s'en ressent. Si les grains sont irréguliers soit parce qu'ils s'éloignent de la forme sphérique, soit parce qu'ils varient tant soit peu de diamètre entre eux, le coup laissera à désirer, parce que le carambolage, devenu alors plus sérieux, augmentera capricieusement l'espace circonscrit par les plombs extrêmes, agissant de même à l'égard des grains intérieurs de cette surface.

J'ai obtenu d'excellents résultats aux distan-

ces moyennes et celles au-dessous avec les cartouches imaginées par Périn, cartouches divi-
sées, ayant de la sciure de bois mélangée au
plomb. Voici comment la charge se trouve em-
prisonnée dans la douille.

Deux petits cartons rectangulaires, de l'épaisseur d'une carte de visite, et ayant 2 1/2 à 3 cent.
de long avec une largeur un peu moindre que
celle du diamètre intérieur de la douille, sont
fendus au milieu et aux 2 3 dans le sens longi-
tudinal, puis entrés perpendiculairement l'un
dans l'autre dans ces fentes. Ils forment ainsi
une sorte d'ailette, qui, une fois introduite dans
la douille, divise la chambre du plomb en quatre parties égales.

Une fois l'ailette dans la douille, on verse le
plomb, tantôt en le mélangeant avec de la
sciure de bois très fine, tantôt en le mettant
pur et versant au-dessus un et demi centimètre cube de sciure ; puis on frappe doucement
la cartouche sur la table pour faire descendre
la sciure dans les interstices il est prudent
avec les cartouches à percussion centrale de
mettre l'annulaire ou le petit doigt sous le cu-
lot ; dès qu'elle disparaît on arrête et on met
la bourre.

Avec cette cartouche la garniture est très

bonne, puis chose précieuse, la pénétration est à peu de chose près uniforme entre les grains que la sciure a solidarisés en se plaçant entre eux.

Je ne reproche à ce chargement qu'un défaut (quelquefois bien désagréable il est vrai\, celui d'empêcher de doubler dès que le temps est calme ; alors en effet la pièce qui avec la fumée ne pouvait être aperçue que difficilement déjà après le premier coup tiré, ne peut plus l'être du tout lorsqu'à cette fumée se trouve mélangée la sciure. Cet inconvénient se produit souvent dans les bois ; mais en plaine, en temps ordinaire, lorsqu'une douce brise caresse timidement les trèfles et luzernes, ces cartouches ne laissent rien à désirer.

J'ai entendu dire que le plomb suiffé donnait de bons résultats. Je ne puis en parler, n'ayant jamais eu, je ne sais pourquoi, la curiosité de l'essayer. Je me sers du plomb de Paris et du plomb anglais, tels quels, ce dernier dans l'arrière saison de préférence parce qu'il est plus dur et plus lourd. Le premier est excellent en temps ordinaire ; les quantités je les proportionne (comme je le fais pour la poudre) au poids du canon, en me guidant sur le tableau donné plus haut.

4.

Mais quand je veux tirer à des distances bien au-dessus de celle moyenne qui est 24 mètres (soit 36 pas), je diminue le plomb. C'est ainsi que je tire avec 27 grammes à 50 mètres soit 75 pas, et descends à 20 grammes pour de plus grandes distances.

Mon canon droit contient une cartouche système Périn, mais quand le temps est calme je me contente de la division du plomb à l'aide des cartons, et ne mets pas par conséquent de sciure. Mon canon gauche contient une cartouche chargée ordinairement, mais avec un plomb de deux numéros plus gros.

Les bourres réclament notre attention. Nous savons que le devoir de celles mises sur la poudre est de produire une obturation telle que l'air ne puisse pénétrer, ni les gaz de la poudre s'échapper, et qu'en outre elles doivent amortir le choc contre le plomb quand on ne veut pas que la charge écarte, tandis qu'elles doivent le laisser se produire, quand on désire garnir une plus grande surface; dans le premier cas, une bourre molle doit être mise au-dessous du plomb; dans le second, c'est une bourre dure qui doit la remplacer. C'est le premier mode qui est préféré. Ainsi voici la meilleure manière de charger : Poudre puis bourre mince dure, puis une autre molle, suiffée ou cirée d'une épaisseur de 8 mil. environ, le plomb, puis bourre mince et dure (les bourres en feutre mou devront être de deux calibres plus gros que celui de la douille, quand elles ne seront ni graissées ni cirées). Quand je chassais avec mon fusil à baguette, je ne mettais jamais de bourre. Le plomb se trouvait enfermé dans une douille entourée de flanelle, qui formait un lingot faisant bourre; j'étais ainsi chargé très vite tandis qu'en même temps la flanelle nettoyait mes canons dans lesquels le dit lingot était un peu forcé.

Parmi les lingots ainsi fabriqués, s'en trouvait une sorte qui m'était bien utile, mais qui, à cause du temps réclamé pour être confectionnée, m'obligeait à lui préférer de temps à autre les lingots simples. Voici comment je chargeais les premiers. Ils avaient quatre numéros de plombs disposés comme suit.

Au fond de la douille, une seule couche de plomb n° 4 puis une bourre en carton rigide et mince, puis encore une seule couche de même numéro, puis une bourre mince semblable; ensuite une seule couche de plomb n° 5, encore une bourre et encore une seule couche de même numéro, ainsi de suite (deux couches de même numéro séparées par une bourre) pour les n°s 6 et 7. Ce lingot que j'ai appelé mixte, faisait écarter ou serrer le coup, suivant que je l'introduisais dans le canon d'un côté ou de l'autre, ce qui se comprend ; en effet quand les gros plombs qui vont plus vite que ceux moins gros ou petits se trouvaient au fond, ils carambolaient tous les autres en passant devant eux, et le coup écartait. Quand au contraire ces gros plombs étaient en avant, ils n'avaient qu'à aller librement à leur vitesse, et ceux moins gros et ceux petits les suivaient, et l'espace laissé entre les gros grains étant rempli par ceux-ci, le coup se trouvait d'autant mieux garni que l'espace circonscrit était lui-même beaucoup moins grand.

La question de la garniture est importante, ai-je dit, mais pour qu'on puisse (avec un fusil qu'on connaît) avoir d'avance une idée approximative des résultats, il faudrait pouvoir être fixé facilement sur le nombre des grains de plomb contenus dans une charge. Aujourd'hui, avec les numéros arbitrairement désignés, il faut compter les grains. Puis aucune proportion graduelle mathématique n'existant entre eux, il y a des différences telles entre deux numéros se rapprochant, qu'on est absolument dérouté en tirant seulement avec un numéro voisin : chassant l'alouette avec un calibre 16, je mis d'abord du n° 10 et tuai au cul-levé 7 sur 8; puis je mis du n° 9 et ne tuai qu'une sur 8. Je remis du 10 et en abattis 6 sur 8. J'étais chargé avec 3 grammes de poudre et 25 grammes de plomb. En rentrant, je comptai les grains des deux charges et compris pourquoi je venais de si bien manquer avec du 9, tandis que j'avais tué avec du 10. Le n° 9 n'avait que 575 grains tandis que le 10 en avait 875. En tenant compte de la plus grande surface circonscrite avec le 9, je vis que la garniture devait être bien différente avec ce numéro puisque des grains sensiblement moins nombreux se trouvaient répartis sur une surface sensiblement plus grande.

J'avais donc manqué avec le n° 9 parce que l'alouette passait entre les plombs trop éloignés les uns des autres, fait qui se produit plus souvent qu'on ne peut se l'imaginer. C'est ce qui me fait dire qu'on doit prendre un calibre d'autant plus petit que le plomb est plus gros. Le cal. 20 convient aux 4, 5, et 6.

Voici un tableau assez curieux, que j'ai fait, en comptant les grains d'une charge de chacun des plombs qui m'ont été vendus pour les numéros que je désigne. En y jetant les yeux, plus d'un chasseur sera surpris des irrégularités et

des différences sensibles entre le nombre des
grains de deux numéros se suivant.

NUMÉROS des PLOMBS.	NOMBRE DE GRAINS POUR				
	25 GRAMMES.	28 GRAMMES.	30 GRAMMES.	32 GRAMMES.	35 GRAMMES.
10	875	980	1050	1120	1225
9	575	644	690	736	805
8	300	336	360	384	420
7	250	280	300	320	350
6	175	196	210	224	245
5	155	173	185	197	215
4	100	112	120	128	140

Les armuriers ne pourraient-ils pas adopter
la règle suivante.

« Les numéros indiqueront le nombre de
grains par gramme, sauf pour les numéros au-
dessus du 17 qui n'indiqueraient que la moitié
du nombre de grains par gramme.

Et on admettrait les demis et les quarts de
numéros pour ceux au-dessous du n° 17. »

D'après cette règle il serait facile à chacun de
se rendre compte, à l'aide d'une simple multiplication, combien de plombs sont contenus
dans une charge, sachant que le numéro in-
dique le nombre de grains par gramme, sauf

pour les numéros au-dessus du 17, pour lesquels il faudra doubler le produit de la multiplication.

Exemple :

Je charge trois cartouches avec chacune 32 grammes de plomb.

        L'une contient du n° 2 1 4 nouveau
        L'autre   »   du » 10   »
        La 3e   »   du » 18   »

Je désire savoir combien de grains chacune de ces cartouches contient.

        N° 2,25 × 32 = 72 grains
        » 10   × 32 = 320 grains
        » 18   × 32 = 576 × 2 = 1152 grains.

Il n'est pas possible aujourd'hui d'être fixé aussi facilement d'abord, puis, la différence souvent très grande entre le nombre des grains de deux numéros se suivant, empêche de mettre pour un même poids de plomb un nombre de grains peu différent de celui du numéro voisin. Cela n'est qu'accidentellement possible et encore en comptant les grains qui ne sont ni d'un numéro ni de l'autre et qui pour n'être pas déclassés ont été baptisés arbitrairement; c'est pourquoi nous avons aujourd'hui des dénominations qui sont sans signification sérieuse. C'est du petit 7, du gros 8, de l'anglais, du français, etc., etc., allez donc vous y reconnaître dans cet embrouillamini. Il n'en serait pas ainsi si les numéros indiquaient le nombre par gramme ; et comme avec la règle que je propose les numéros plus nombreux permettraient de classer toutes les grosseurs, les fabricants ne subiraient aucun préjudice en l'adoptant, pendant que le chasseur de son côté bénéficierait de l'avantage d'être fixé facilement sur le nombre des grains d'une charge.

Une règle raisonnée existerait dès lors pour les numéros des plombs, comme il en existe une pour les calibres.

Nous savons, en effet, qu'on désigne les calibres par le nombre de balles rondes qu'une livre de plomb peut fournir pour chacun d'eux. Ainsi le calibre 16 est désigné par ce numéro, parce qu'avec une livre de plomb on peut fondre 16 balles convenables pour ce calibre.

POSITIONS, TIRS

On sait que les différentes situations et directions des pièces réclament du tireur un déplacement des pieds pour lui permettre d'orienter son corps de façon à pouvoir épauler et ajuster.

L'espace pouvant permettre l'épaulement, nous l'appellerons, si vous le voulez bien, la région du tir.

Cette région est divisée en deux parties égales par un plan vertical qui a pour base la perpendiculaire élevée sur le milieu du côté gauche du pied droit. C'est dans ce plan vertical que doit se placer le canon pour permettre l'épaulement le plus naturel et le plus apte par conséquent à donner de bons résultats.

L'épaulement deviendra d'autant moins facile que le canon s'éloignera davantage de ce plan. Enfin il cessera d'être praticable la plupart du temps au delà d'un angle de 45 degrés, soit à gauche, soit à droite dudit plan.

Posez donc toujours le pied droit de manière à pouvoir tirer la pièce au moment où elle est voisine au moins de ce plan.

Quand vous êtes arrêté, et qu'une pièce partie devant se dirige vers votre gauche, reculez votre pied gauche naturellement en arrière de façon qu'il tombe perpendiculairement, à peu près, sur le prolongement en arrière du pied droit (qui se trouvera alors en avant à 15 ou 20 centimètres) et tirez aussi près que possible du plan vertical.

Si la pièce est partie devant, et qu'elle se dirige vers votre droite, reculez le pied droit de façon à le placer à peu près perpendiculairement au prolongement en arrière du pied gauche (qui se trouvera dès lors à 15 ou 20 centimètres en avant), et tirez comme précédemment, c'est-à-dire quand la pièce sera près du plan, ou, si possible, sur le plan vertical en question. Vous tirerez ainsi en travers avec autant de succès presque, que quand la pièce s'éloignera en suivant ledit plan, ou un plan voisin et parallèle.

Quand une pièce passera en travers à un chasseur en marche, celui-ci devra simplement faire un petit pas avant de s'arrêter, si au moment du départ de la pièce le pied qui se trouve du côté de ce départ n'est pas en avant.

Ainsi au moment où le chasseur vient de poser le pied gauche en avant, une perdrix part à droite pour passer rapidement à gauche ; en faisant alors un petit pas, le pied droit se trouvera en avant, et le tireur n'aura plus qu'à tourner un peu les pieds pour être dans la position qui placera la pièce dans la région de tir.

Nous avons tous manqué pour n'avoir pas mis en avant le pied qui se trouvait du côté où s'était levée ou venait la pièce allant être tirée en travers au moment où elle est près du plan vertical.

Il faut placer la main gauche d'autant plus loin de la sous-garde que la pièce filant devant est appelée à être tirée de plus loin. Ceux qui auront les bras très courts tireront souvent sans succès cette pièce, si leur fusil n'a pas une poignée. Mais quand la perdrix se rapproche comme cela lui arrive quand elle est levée avec bon et grand vent, la main doit simplement tenir le fût le plus près possible de la sous-garde, tout comme pour les tirs en travers ; et cela parce que quand on tient le canon loin avec la main gauche, le bras se trouvant allongé, on a tendance à ralentir ou à arrêter même le mouvement de translation du canon au moment de presser la détente, tendance qui est satisfaite d'autant plus facilement que le canon ainsi tenu se trouve privé d'une grande partie de sa force d'inertie devenue par suite insuffisante pour entretenir le mouvement de translation rapide que réclame dans ces tirs le déplacement rapide aussi de la pièce.

Le coude doit être à la hauteur de l'épaule. Et si lorsqu'on est fatigué on tire mal, c'est parce qu'alors on ne lève pas assez le bras droit et que le canon par suite devenu trop libre, tourne autour de la ligne droite de l'œil à la pièce, rendant ainsi seul possible le tir à l'à peu près. La poignée, dont je n'ai jamais fait usage pour le tir au vol ou à la course, ne peut être utile réellement qu'à ceux qui ont des bras très courts chargeant très fort, et tirant une pièce très éloignée filant dans une des régions voisines du plan vertical perpendiculaire au milieu du pied droit (dans la position normale du tireur). Alors en effet le fusil peut être appuyé à l'épaule comme le réclament les pièces éloignées et les charges fortes. Ceux ayant de longs bras n'ont pas besoin de poignée parce qu'ils peuvent dans ces cas appuyer ainsi le fusil en enfourchant la sous-garde avec le pouce et l'index de la main gauche.

Mais pour les tirs en travers, la poignée est nuisible pour les uns comme pour les autres, parce qu'elle prive le canon ainsi tenu de la plus grande force d'inertie devenue par suite trop faible pour lutter victorieusement contre la tendance du tireur de ralentir ou d'arrêter même le mouvement de translation du canon au moment de presser ou en pressant la détente.

Pour le tir au posé et à la cible, la poignée dont j'ai fait usage est on ne peut plus précieuse ; elle permet de donner au canon une fixité très durable en même temps qu'elle permet d'appuyer la crosse à l'épaule et de profiter dès lors de tout l'avantage d'un fusil très peu brisé.

La difficulté qu'on éprouve à suivre une pièce est due le plus souvent à la vitesse irrégulière imposée au canon par les distances variées auxquelles la pièce se trouve du tireur durant son mouvement de translation. Or il n'existe que deux cas dans lesquels les distances ne créent pas cette difficulté ; d'abord quand la pièce reste dans la direction prolongée de l'axe des canons (puisque le canon alors ne bouge pas), puis quand la pièce décrit un arc d'un cercle au centre duquel se trouve placé le tireur ; dans ce second cas en effet les points par lesquels passe une pièce (animée d'une vitesse régulière) se trouvant tous à égale distance du tireur, le mouvement du canon reste uniforme.

Nous savons que tant qu'une perdrix par exemple est loin, le mouvement du canon est lent, et qu'il s'accélère à mesure qu'elle se rapproche. Nous savons également que dans ces deux cas la difficulté est différente, en effet quand la pièce est éloignée le moindre écart du canon de la ligne droite de l'œil à la pièce produit un écart très grand, tandis que quand elle est près, c'est le mouvement rapide et varié qui rend à son tour difficile l'action d'ajuster convenablement.

Il y a deux manières de tirer une perdrix au coup du roi ou droit (on dit les deux), soit en l'ajustant de loin et faisant avancer le canon rapidement pour passer devant au moment de tirer, soit en jetant le coup devant, en épaulant rapidement.

La première manière ne peut être employée qu'avec une arme lourde à détentes douces, tandis que la seconde s'impose le plus souvent aux fusils légers.

J'estime à 15 mètres environ la vitesse d'une perdrix lancée, tandis que celle qui s'envole n'est pas, à mon avis, de plus de 3 à 4 mètres.

On conçoit dès lors qu'on ajuste et tue beaucoup plus facilement la perdrix qui s'envole que celle qui lancée nous passerait par exemple au-dessus de la tête, puisque pour cette dernière

1/15 de seconde de retard nous ferait tirer un mètre derrière, et qu'un coup, qui circonscrirait une surface assez grande pour pouvoir la toucher en ajustant à l'à peu près, laisserait entre ses grains une distance telle que le hasard seul pourrait dans le cas de réussite s'en attribuer le mérite.

On ne peut fixer pour une distance de, à combien de centimètres ou mètres il faut tirer devant la perdrix lancée, par la raison que cette distance dépend du poids du canon, du temps employé à presser la détente et enfin de la manière plus ou moins légère dont on épaule. On devra tirer d'autant plus devant que l'arme sera moins lourde, le moment de presser la détente moins court, l'épaulement moins léger, la détente plus dure.

Certains chasseurs ajustent les deux yeux ouverts et prétendent qu'ils tirent mieux ainsi. En plaine ça peut être (exceptionnellement pour eux), mais qu'il en soit de même dans le bois cela me paraît difficile, voici pourquoi.

En n'ouvrant qu'un œil on diminue la région optique, on isole d'autant la pièce, et la vue ne se trouve plus aussi distraite, les corps dans la-dite région se trouvant moins nombreux. En plaine, ces corps n'étant pas à la hauteur de la ligne de mire la plupart du temps puisque le plus souvent on tire au vol, cet inconvénient de la vue distraite davantage n'est plus autant à craindre ; tandis que dans le bois où il y a presque toujours des arbres, n'est-il pas vrai (jamais deux pareils), la vue se trouvant bien plus distraite, l'action d'ajuster se trouvera bien plus contrariée aussi, qu'avec un seul œil ouvert avec lequel la région optique est restreinte.

Il y a des chasseurs qui tirent sans mettre en joue, c'est-à-dire qui épaulent et ajustent en posant l'os de la mâchoire sur l'arête de la crosse. Peut-on conseiller une telle manière de faire ? Je ne le pense pas, attendu que des causes particulières ou l'habitude peuvent seules permettre à quelques-uns de tirer mieux ainsi. Ce qu'on cherche, c'est à bien tirer en toutes circonstances en peu de temps ; or est-il admissible que ce but puisse être aussi vite atteint avec les deux yeux ouverts qu'il l'est aujourd'hui avec un seul ? Non.

Sans classer dans le domaine de la fantaisie cette manière d'ajuster nouvelle pour moi, je ne la conseillerai pas, je vous ai dit pourquoi, et en outre parce qu'elle ne me paraît pas naturelle. C'est pour le même motif que je ne vous engagerai pas non plus à chasser avec le fusil en bandoulière à l'épaule droite comme il m'arrive de le faire en plaine quand j'ai les bras fatigués. Mais j'avoue que la pirouette que l'on fait exécuter à son fusil est (passez-moi l'expression) pleine de chic, étonnant agréablement tous ceux qui en sont témoins pour la première fois. Ce mouvement n'est pourtant pas difficile à exécuter, il suffit en effet de tenir le fusil à l'endroit réservé à la main pour presser la détente, et de tourner cette main (comme pour visser), afin de dégager la bride de l'épaule ; puis de faire pirouetter l'arme, de la recevoir de la main gauche, et d'épauler. En décomposant l'action en trois mouvements on aura :

1er mouvement. — Dégagement de la bride.

2e mouvement. — Pirouette du fusil en avançant la main gauche pour le recevoir.

3e mouvement. — Mise à l'épaule et en joue.

Mais il ne faut se permettre de chasser avec son fusil en bandoulière que quand, après s'être exercé avec les douilles dans les canons, on sera parvenu à se rendre absolument maître de son arme pendant la pirouette qu'on lui fera faire.

Puis il faut avoir soin, en chasse, de tenir toujours son fusil avec la main placée à l'endroit auquel on la place pour presser les détentes. Si on l'éloignait de là, soit en lui faisant tenir la bride, soit en la laissant pendante, il pourrait arriver, qu'au moment du départ de la pièce, la précipitation qu'on met à avancer cette main pour la placer là où elle doit être ne la fasse dévier et saisir la sous-garde, et que les doigts dès lors en touchant brusquement les détentes fassent partir les coups, soit avant, soit pendant la pirouette qu'on fait exécuter au fusil.

ANECDOTES

PETITES CHASSES

DANS L'ILE MAURICE

Il y avait quelques mois que j'étais à Port-Louis, quand je reçus d'un habitant (planteur) une invitation à passer une journée à sa campagne. Apportez votre fusil, ajoutait-il.

Une voiture vint me prendre vers 7 heures du matin et me conduisit dans sa charmante villa bâtie près d'une grande cascade.

Après le déjeuner, nous prîmes nos fusils et nous nous dirigeâmes vers les bords de cette cascade où nous attendaient trois petits créoles armés chacun d'une longue perche. A notre arrivée, ils se levèrent, et attachèrent un mouchoir blanc à une des extrémités de chacune de ces perches, qu'ils mirent en mouvement après s'être placés à quinze mètres environ l'un de l'autre.

L'habitant, s'approchant alors de moi, me désigna la place que je devais occuper, puis, me remettant une longue vue, s'éloigna.

J'étais intrigué, car tous s'étaient donné le mot pour garder le secret le plus absolu sur la chasse qu'on allait me faire faire.

Une fois en place, je réglai ma longue vue en fixant un des mamelons éloignés de cette contrée pittoresque, puis attendis en fouillant l'espace.

Assis sur une grosse roche je contemplais la nature à travers les bouffées de mon havane, quand tout à coup un des chasseurs déposant sa lunette, nous cria : Attention ! puis épaulant rapidement, fit feu ; un oiseau blanc en tournoyant vint alors me tomber sur la tête : « C'est une chasse aux oiseaux de mer que nous faisons, » me cria en riant l'habitant. Je venais de le deviner en recevant la victime que j'avais reconnue pour un paille-en-queue (ainsi appelé parce qu'il a la queue fine comme une paille). Levant à ce moment les yeux, je ne tardai pas à apercevoir plusieurs de ces oiseaux se lançant avec rage sur les mouchoirs blancs qu'ils semblaient vouloir détacher de la perche. J'en ajustai un que j'abattis à ma grande joie.

Nous continuâmes cette chasse deux heures environ, tuant bon nombre de ces oiseaux dont la portée de la vue m'avait frappé, parce que d'une hauteur à laquelle il nous était difficile de les apercevoir avec nos lunettes, ils pouvaient voir parfaitement les points blancs en mouvement. Remarquant l'acharnement qu'ils mettaient à se lancer sur les mouchoirs, je m'approchai en souriant d'un des jeunes créoles, et lui demandai pourquoi il en était ainsi ; le petit négrillon me répondit d'une voix nasillarde : « Ça zozeaux là croient camarades prisonniers, accourent pour délivrer li. »

Je retournai de temps à autre passer une heure ou deux à chasser ces oiseaux dont le tir n'est intéressant que quand il fait grand vent.

L'île Maurice est parsemée de roches qui entretiennent une humidité indispensable à la canne à sucre ; aussi est-on obligé de creuser entre deux lignes de roches les petits fossés rectangulaires appelés à recevoir les têtes de cannes.

C'est quand ces roseaux sont jeunes encore (on les appelle alors des cannes vierges) qu'on peut chasser les lièvres et les perdrix.

Invité par un habitant de l'intérieur de l'île à passer quelques jours à sa campagne, nous terminions notre petit déjeuner du matin au milieu des gazouillements charmants de ses gracieux enfants, quand un des surveillants de la propriété vint nous annoncer qu'il avait aperçu la veille au clair de lune plusieurs lièvres jouant dans un champ immense de cannes vierges, non loin de la maison.

L'habitant qui connaissait ma passion pour la chasse me regarda en souriant, puis se levant de table décrocha un de ses fusils qu'il me remit, en prit un, et nous partîmes, tandis que le gardien qui nous avait apporté la bonne nouvelle allait avertir les quatre chasseurs créoles habitant sur la propriété. Ces hommes n'ont rien du chasseur européen. Un pantalon, une chemise, voilà leur habillement, un long fusil à un coup voilà leur armement. Une fois en chasse je fus émerveillé de la légèreté avec laquelle ces créoles sautaient de roche en roche, et de la rapidité avec laquelle ils couraient soit à travers champs, soit sur les routes pour couper et tirer le lièvre.

Pendant qu'arrêté au bord d'un carreau (champ) de cannes je suivais en riant leurs élucubrations intéressantes, un lièvre débouchant rapidement du champ qui se trouvait sur ma gauche, fit un crochet et vint droit à moi. Mettant un genou à terre, je le tirai à cinquante pas; à mon coup de fusil il coupa la route et s'enfuit dans le champ de cannes vierges qui se trouvait sur ma droite. Assez fortement blessé il courait difficilement, quand je l'aperçus et le tirai de mon second coup tout en le poursuivant en sautant de roche en roche, mais perdant l'équilibre un moment, je tombai si malheureusement sur mon fusil, que je brisai la crosse. Me relevant rapidement je continuai à poursuivre mon lièvre que je parvins à rejoindre après maintes culbutes dont l'originalité, paraît-il, fit beaucoup rire les chasseurs du pays. Enfin je le tenais (c'était mon premier lièvre et ma troisième chasse).

Ma figure épanouie, couverte de terre, et mon chapeau tout cabossé me donnaient, paraît-il, un air si pittoresque, que l'habitant ne put tenir son sérieux en venant me féliciter.

Nous rentrâmes bientôt à l'habitation, moi marchant clopin-clopant, mais tenant toujours mon lièvre duquel je ne voulais à aucun prix me débarrasser, tellement j'étais heureux de le regarder en le tournant et retournant dans tous les sens.

Les créoles continuèrent la chasse, se souciant peu du soleil qui me paraissait cependant excessivement chaud.

Pour chasser les lièvres dans les champs de cannes vierges on se sert du n° 4 parce que non seulement on le tire souvent à de grandes distances, mais encore à ricochets comme cela arrive surtout lorsque les roches sont assez volumineuses pour permettre de ne l'apercevoir que difficilement.

Le lièvre n'est pas précisément commun sur les propriétés de cannes à sucre parce qu'on le chasse beaucoup pour éviter les préjudices qu'il cause en mangeant les jeunes pousses et rongeant le pied des grandes cannes.

Les destructeurs les plus sérieux sont les singes. Assez nombreux sur les bords des cascades, ils sortent la nuit des cavités qu'ils occupent sur les côtés à pic garnis de roches et de broussailles, et s'en vont par bandes dans les champs, ayant à leur tête le plus malin pour les conduire et donner l'alarme. Puis, quand le jour commence à poindre, ils rentrent, emportant chacun une canne à sucre qu'ils croquent durant la journée.

Les créoles les chassent de deux manières : soit en les tirant à balle en plein jour, soit en les surprenant au petit jour dans les champs. La première manière réclame une bien grande patience et un bien sûr coup d'œil. en effet le créole, caché de longues heures derrière une grosse roche dans le lit de la cascade, est obligé d'attendre, pour tirer, qu'un singe sorte la tête de la cavité qui lui sert de refuge sur les côtés à pic de la cascade. Or nous savons que le singe est très malin et possède une vue et une ouïe excellentes, aussi, dès qu'il aperçoit, entend, ou soupçonne même quoi que ce soit d'étrange, il se tient à l'abri dans sa petite grotte, à moins qu'un cas particulier ne le contraigne à agir autrement. J'ai vu bien souvent des créoles rester blottis des journées entières sans tirer un coup de fusil.

Longeant un matin le bord d'une cascade, je remarquai une roche volumineuse s'avançant au-dessus du gouffre. Déposant mon fusil, je m'approchais en rampant pour jouir du séduisant panorama qui allait apparaître à plusieurs centaines de mètres sous moi, quand deux coups de fusil suivis de deux bruits secs se firent entendre ; ces deux bruits secs étaient ceux de deux balles qui venaient de s'aplatir sur la roche sur laquelle je me trouvais et sous laquelle habitait, paraît-il, une famille de ces quadrumanes auxquels ces balles étaient destinées (je l'espère).

Ce sont des singes qui ont en général moins

d'un mètre, je n'en vis pour ma part qu'un au-
dessus de cette taille, et voici dans quelles circonstances. Descendu vers 4 heures du soir à
travers bois par un des rares sentiers qui mènent
à la cascade, j'avais pris un bain; puis ayant
ouvert un livre, je venais de lire à peine quelques pages, qu'il me sembla entendre au milieu
du bruissement de l'eau une sorte de petit cri
auquel je ne fis d'abord aucune attention ; mais
le même cri s'étant répété à différentes distances,
je fus intrigué, et me levant, je commençais à
presser le pas et à regagner rapidement le sentier
pour remonter à l'habitation, quand un gros
nuage vint faire sensiblement baisser le jour.
N'ayant pas mon fusil (ce qui ne m'est arrivé
que cette fois) je commençais à n'être pas absolument rassuré, quand un singe sortant rapidement de sous une grosse roche qui se trouvait à
2 mètres de moi, poussa un petit cri et sauta
sur un des côtés à pic qu'il escalada en me faisant
des grimaces horribles. Les mouvements de ses
bras et jambes, dans le silence de ce lieu sombre
et austère, m'impressionnèrent. Si j'avais eu
mon fusil, il ne serait certainement pas sorti de
sa cachette.

La seconde manière de les chasser est assez
curieuse. Les créoles observent d'abord les en-

droits par lesquels passent de préférence ces quadrumanes en revenant de leurs pérégrinations nocturnes, puis ils jettent un miroir sur chacun de ces passages ; se cachant alors, armés de longs fusils chargés avec des chevrotines, ils attendent le jour.

Les singes en retournant en bandes, emportant chacun une canne à sucre, aperçoivent bientôt le miroir, et se battent à qui le possèdera. Les coups de cannes et les morsures ne tardent pas à arracher des cris aux victimes, et les créoles, à l'affût à une certaine distance, profitent de la mêlée pour courir et tirer.

Il paraît que c'est le meilleur moyen de les détruire.

Les singes ne dévastent pas seulement les champs de cannes, mais s'introduisent aussi dans les poulaillers pour dérober les œufs dont ils sont très friands.

En arrivant un samedi soir à la maison de campagne d'un de mes amis qui n'était pas chasseur, je venais à peine de descendre de voiture, que le vieux créole qui gardait l'habitation vint précipitamment à moi me supplier de me mettre à l'affût pour tacher de tirer les singes qui, depuis plusieurs nuits, enlevaient les tuiles des dépendances pour dérober les provisions et les œufs des poules. Je lui promis que je ferais tout mon possible pour le débarrasser de ces désagréables visiteurs, sans espérer beaucoup y réussir ; puis j'allai observer le terrain et prendre note des sentiers sur lesquels je verrais trace de leur passage.

Au lever de la lune je pris mon fusil, et me dirigeant doucement derrière une grosse roche que j'avais remarquée, je m'y blottis. C'était un moment bien peu enviable que celui que je passai là seul dans le silence troublé seulement par les cris aigus de quelques oiseaux de nuit.

J'étais posté depuis une demi-heure quand tout à coup la lune se cacha. Je commençais déjà à regretter d'être venu, quand j'entendis au milieu des broussailles un bruit de branches sèches brisées. Ah ! me dis-je, enfin les voilà ! puis écarquillant les yeux je tâchai de pénétrer cette sombre nuit, quand le nuage qui l'avait créée, commença à se dissiper, je distinguai alors dans une pâle lueur, un lièvre trottinant sur la lisière du bois. Ennuyé de ne pas voir les singes, je tirai le lièvre que je tuai et vins me mettre au lit.

La seule chasse un peu sérieuse que je fis dans cette île est celle que je vais vous raconter.

Invité par un habitant dont la propriété se

trouvait à deux kilomètres environ du bord de
la mer, je partis un samedi dans l'après-midi
et arrivai à l'habitation à 4 heures. Faisant de
suite chercher quelques malgaches qui devaient
me servir de batteurs, je leur donnai rendez-
vous pour le lendemain à la pointe du jour.

Sur pied à 4 heures et demie, je partis avec
mes hommes, me dirigeant vers la baie du tom-
beau dont Bernardin de Saint-Pierre parle dans
Paul et Virginie.

Le soleil venait de se lever dans un ciel sans
nuage, la mer était belle, de petites lames seulement déferlaient timidement sur un sable ar-
genté et doux, tandis qu'au loin blanchissaient
quelques voiles sur cette plaine liquide azurée.

Je restai un instant en contemplation devant
ce séduisant tableau, cherchant à réveiller dans
ma mémoire les détails que je lus au collège
dans Paul et Virginie, puis je me baignai. A
demi couché sur ce sable velouté, je me laissai
doucement bercer par les lames dont la fraîcheur me donnait d'agréables petites sensations;
et après un instant de repos, je m'habillai et
me dirigeai vers les plantations de Mont-Choisy.
Plusieurs perdrix me partirent dans les champs
de cannes vierges, j'en tuai cinq, et un lièvre
que j'eus à grand'peine.

Le soleil commençant à devenir chaud vers 9 heures, je songeais déjà à me rapprocher de l'habitation, quand j'entendis à 15 ou 20 pas sur ma gauche un bourdonnement qui me surprit. Tournant alors la tête, je vis un essaim de frelons énormes tournoyant autour d'une roche. Effrayé, je m'éloignai en courant, sachant combien étaient terribles les piqûres de ces sortes de grosses guêpes. Mais quel ne fut pas mon étonnement en voyant deux des Malgaches qui m'accompagnaient se diriger au pas accéléré vers cet endroit, puis, se baissant, tirer d'une cavité une ruche d'un assez gros volume.

A ce moment l'essaim fondit sur eux, et comme ces hommes n'avaient pour tout habillement qu'un pantalon de toile, ils eurent le buste couvert de frelons, je serais certainement mort en subissant une aussi rude épreuve, mais eux ne parurent pas s'en trouver trop incommodés.

Ils m'apportèrent la ruche, après s'être débarrassés des frelons du mieux qu'ils purent, mais quelques-uns malheureusement les poursuivirent avec acharnement et se jetèrent sur eux dès qu'ils furent près de moi.

Les Malgaches sans se tourmenter davantage, les prirent un à un entre le pouce et l'index, et les brisèrent comme nous briserions

l'écorce d'un marron grillé; je remarquai même
que le bruit que faisaient ces frelons en s'écrasant, était absolument le même que celui que
fait l'écorce du marron grillé en se pulvérisant.

Je donnai une bonne récompense à ces cou-
rageux hommes, puis sortant de mon carnier
un petit pain, je l'ouvris, et y versai le miel que
je trouvai exquis. Nous continuâmes ensuite
vers un champ d'arbustes pouvant avoir 2 mètres
de haut, arbustes donnant une sorte de pois que
l'on nomme embrevades dans le pays. J'y tirai
plusieurs perdrix pour n'en tuer qu'une[1].

Je rentrai ensuite à l'habitation où m'attendaient le propriétaire et son cousin, un jeune
homme avec lequel je devais retourner en ville.

1. Pourquoi avais-je été si malheureux? Parce que je
n'ajustais pas assez au-dessous de la pièce passant au-
dessus de ces arbustes. Et pourquoi n'ajustais-je pas assez
au-dessous tout en sachant qu'il fallait agir ainsi pour
pouvoir tirer bien une pièce filant en avant? C'est
parce que quand une pièce passe près d'un corps, on a
tendance à éloigner le canon de ce corps. J'avais donc tiré
trop haut, parce que je n'avais pas résisté à cette puissance occulte repoussant le canon, et empêchant d'ajuster
aussi bas qu'il est nécessaire pour tirer dessous une pièce
volant ainsi. Cet effet est d'autant plus sensible que le
volume du corps est plus grand. Au vol comme à la
course il faut donc appuyer le coup du côté de l'obstacle;
qu'un lièvre ou une perdrix filant devant passe près d'un
arbre, il faut appuyer le coup du côté de cet arbre.

Après un moment de repos, nous déjeunâmes et fîmes comme il est d'usage une petite sieste en nous allongeant dans de grands fauteuils; puis nous consacrâmes toute l'après-midi à la lecture des journaux venant d'Europe.

Une voiture devait venir nous prendre vers 7 heures pour nous reconduire à Port-Louis où nos travaux nous réclamaient de bonne heure le lundi. Mais 8 heures sonnèrent sans que nous la vîmes.

Très contrariés, nous nous demandions déjà si malgré la distance qui nous séparait de la ville, nous ne partirions pas à pied, quand l'habitant (dont la voiture était en réparation) nous détourna de cette idée, trouvant la route trop mal fréquentée à cette heure.

« Pourquoi ne prenez-vous pas une de ces petites voitures du pays, nous dit-il. — Soit! reprîmes-nous, » et nous envoyâmes un Malgache qui, de retour à 9 heures, vint nous annoncer l'arrivée d'une carriole.

Une carriole est une caisse ayant environ 1 mètre de long sur 80 centimètres de large, et 40 centimètres de profondeur, laquelle caisse est montée sur un essieu, et couverte par un ciel formé d'une toile tendue sur un cadre supporté par quatre baguettes partant chacune d'un angle de la caisse. Deux tiges en bois servent de brancards. Un cheval étique lié à ces brancards avec force ficelles et quelques lanières de cuir, tire le plus souvent cette sorte de voiture qui eût été capable de rendre jaloux Robinson.

Quelques instants après, nous entendîmes le craquement des cailloux nous annonçant l'arrivée de la carriole qui vint en branlant s'arrêter timidement devant l'habitation.

A la vue de ce véhicule qu'éclairait comme par ironie un rayon de lune filtrant à travers les arbres, nous ne pûmes tenir notre sérieux.

Mon futur compagnon, mettant alors son pince-nez, fit le tour de la machine à laquelle nous allions confier nos jours, pendant que passant à l'arrière, je vérifiais si la caisse avait bien son fond. Puis, nous approchant du conducteur après avoir allumé un cigare, nous lui posâmes ces quelques questions.

Nous. — Arriverons-nous en ville avec la carriole? Et à quelle heure? Ton cheval est-il bon?

Lui. — Ah, missieus, moi n'a pas connais tout ça, un zour li va bien, un autre zour li veut pas marcher; pitit chival beaucoup entêté.

Mon futur compagnon d'infortune secoua la tête d'un air si peu rassuré, que nous lûmes sur sa physionomie qu'il craignait que nous ne soyions contraints à un moment donné de continuer la route à pied, après avoir subi peut-être quelques avaries dues aux écarts capricieux de notre ignoble petite haridelle.

— Enfin, lui dis-je, que faire? Il n'y a pas à hésiter, faute de grive, il faut prendre une carriole...

Bref, nous serrâmes la main de l'habitant, et nous nous blottîmes du mieux que nous pûmes dans cette boîte qui avait une planche pour tout siège.

Pendant une demi-heure tout alla bien, mais tout à coup le cheval s'arrêtant court (nous n'avons jamais su pourquoi) recula avec rapidité, et faisant monter le véhicule sur un tas de roches cassées, nous culbuta dans le fossé; une vraie fin de monde quoi! Nous rîmes de notre aventure et après avoir renoué les ficelles qui liaient le cheval aux brancards, nous nous blottîmes de nouveau dans la caisse et arrivâmes vers minuit en ville, heureux d'en avoir été quittes pour quelques faibles contusions, mais nous promettant bien de ne jamais plus user à l'avenir de ce mode de locomotion qui, outre les souffrances locales dues à cette planche vraiment trop dure, a l'inconvénient bien plus sérieux de mettre la vie en danger.

Tels furent les détails de cette petite excursion

dans cette partie de l'île où le miel est si doux.

A quelques mois de là, une fièvre paludéenne des plus intenses s'étant déclarée dans l'île à la suite d'une inondation causée par une trombe, je quittai Maurice pour me rendre dans l'Inde.

Nous essuyâmes en route un terrible cyclone durant lequel notre navire à voiles fut absolument à la merci des éléments. Où étions-nous? où allions-nous durant les trois jours que le bâtiment resta ingouvernable? Nul ne pouvait le supposer. Le navire sans voile courait sur une mer démontée, poussé par un vent violent qui, en soufflant dans les cordages, semblait chanter la mort.

Quand le cyclone fut passé, et que le ciel se découvrit, nous vîmes en faisant le point que nous étions à quelques heures seulement de Madagascar. Bref, grâce à une brise favorable, nous pûmes regagner un peu du temps perdu, et arrivâmes dans l'Inde après une traversée qui ne s'effacera jamais de ma mémoire. Et depuis, quand le vent, en soufflant, gémit au milieu du silence de la nuit, je songe à ces héros des mers, et ma pensée décrivant une courbe immense, descend au milieu d'eux pour partager leurs inquiétudes et leurs souffrances.

L'INDE

Ce n'est qu'après deux années passées dans le pays, que je commençai à faire quelques chasses sérieuses. Mes travaux ne m'ayant laissé jusque-là que peu de loisirs. je me contentais de tirer quelques gibiers d'eau, canards, sarcelles, etc., qui venaient s'abattre sur un étang immense éloigné seulement de trois ou quatre kilomètres de la ville.

Un batteur [1] vint me prévenir un samedi que depuis plusieurs jours les bécassines étaient arrivées dans les champs de riz voisins d'un grand étang. Comme rien ne me retenait en ville le lendemain dimanche, je partis avant le jour dans une voiture à bœufs comme il est d'usage,

1. On appelle ainsi ceux qui avec une longue perche battent les broussailles près du chasseur en marchant les uns à sa gauche les autres à sa droite.

et arrivai à quatre heures et demie à l'endroit désigné. C'était ma première chasse à la bécassine,
aussi étais-je impatient de savoir comment je
m'en acquitterais.

En arrivant je trouvai à leur poste les quatre
batteurs que j'avais retenus la veille, et qui, après
la chasse à la bécassine, devaient m'accom-
pagner sur des hauteurs où se trouvaient pas
mal de lièvres et de perdrix.

En descendant de voiture, je pris du café et
du chocolat mélangés, chargeai mon fusil, puis
allumant une cigarette, me mis en marche vers
les régions humides préférées par ce gibier
délicat.

Le riz, qui ne pousse que dans la vase, est
semé dans des champs coupés par des séparations en terre glaise (séparations ayant 15 cent.
de large sur 30 de haut). C'est sur ces petites
murailles que marche le chasseur. Je ne pus m'y
décider sans hésitation, attendu qu'à la moindre
perte d'équilibre je pouvais être précipité dans
cette vase qui comme toutes les vases n'a rien
de tentant.

Armant mon fusil, je me risquai sur ce sentier difficile et parcourus en 1/4 d'heure 50 ou
60 mètres environ, puis m'arrêtai fier du tour
de force que je venais à mon avis d'exécuter,

mais absolument inquiet sur le compte de l'avenir que j'entrevoyais.

Pendant que l'arme au pied, à l'endroit où se croisaient deux de ces petites routes, je méditais une retraite calme et en bon ordre, une bécassine partit derrière moi, je la tirai de mes deux coups et elle alla tomber à 150 mètres sur une grande route voisine de l'étang. Encouragé par ce succès et oubliant un peu le périlleux trajet que j'allais accomplir, je rechargeai et me mis en marche avec une certaine hardiesse. Je n'avais pas fait vingt pas qu'une bécassine partit à ma gauche, puis deux à ma droite ; je tirai un coup de chaque côté, mais perdant l'équilibre et glissant en même temps, je tombai à cheval sur le petit chemin de terre glaise, le fusil appuyé sur la cuisse droite, comme un dragon en selle. Un des batteurs me donnant la main, me permit de me remettre sur pieds. Une fois debout, aucune illusion n'étant plus possible sur le compte de la perspective qui m'attendait, je passai légèrement la main derrière le dos, tout simplement pour faire tomber les quelques morceaux de terre glaise qui s'y étaient attachés et me dirigeai vers la terre ferme en sifflant (mais en mineur, le chœur de Robin des Bois.

Une fois là je vis mon boy se frotter les mains

heureux de s'éloigner de ce parage que la riante verdure du riz ne parvenait pas à rendre séduisant.

Nous marchions depuis quelques minutes dans les champs d'arachides, quand trois bécassines partirent ensemble, j'en tuai une, mais malgré la faible distance à laquelle elles s'élevaient, il me fut difficile d'en abattre plus de 5 dans la matinée, à cause du vol capricieux en ligne brisée que prennent ces oiseaux dès qu'ils sont à trois ou quatre mètres du sol. Mais après un peu d'observation je ne manquai que rarement dans la suite, parce que je savais choisir le moment pour les tirer. Quand la bécassine s'envole, elle pointe obliquement en ligne droite la plupart du temps, puis commence son vol horizontal mouvementé, à ricochets. Or le meilleur moment pour la tirer est celui où finit son vol oblique.

Le calibre 20 et les plombs n° 9 et 10 surtout sont convenables pour ces chasses lorsque les bécassines partent près (20 pas) mais si, comme cela arrive par les temps brumeux, elles volent par bandes après s'être levées très loin, le calibre 16 et le plomb n° 8 et même 7 sont préférables.

Du calibre et des numéros de plomb dépendent donc aussi les résultats, et les circonstances qui les réclament variant souvent dans une même journée, il est préférable d'avoir un canon écartant le plomb et l'autre le serrant. Beaucoup de fusils ont aujourd'hui le coup gauche chokebore ou même full-choke. Ces sortes de canons n'admettent pas de médiocrité. Il faut les prendre absolument bons ou conserver ceux cylindriques, attendu que la partie choke, dans ceux de qualité médiocre, se détériore au bout de quelque temps, donnant des résultats pouvant laisser beaucoup plus à désirer que ceux des canons cylindriques.

J'ai obtenu avec mon fusil à baguette chargé avec des lingots (soit en toile soit en papier-carton) d'excellents résultats, mais il faut toujours avant de chasser avec une sorte, l'essayer en tirant dans une carte, pour être certain que le lingot s'ouvre avec la charge de poudre que l'on met.

Les fêtes indiennes ayant exigé une suspension de travail de trois jours, j'en profitai pour aller chasser à 15 milles dans l'intérieur.

Parti avec un de mes amis dans une voiture à bœufs, nous arrivâmes sur le lieu de chasse une heure avant le jour. Nous sommeillâmes un peu pour réparer nos forces, puis, aux premières lueurs de l'aurore nous fûmes sur pied.

Les batteurs (au nombre de 16) avaient allumé dans la plaine, à quelques mètres du bouquet d'arbres sous lequel nous nous trouvions, un grand feu d'épines de branches et d'herbes sèches, dont les lueurs vives produisaient, sur cette nature sauvage, un effet tout nouveau pour moi. On entendait dans le lointain les cris plaintifs des chacals auxquels se mêlaient les chants langoureux et monotones de nos hommes qui, l'air réjoui, attendaient avec impatience le moment du départ.

Après avoir pris une tasse de café et de chocolat mélangés j'allumai un cigare, pendant que mon compagnon qui connaissait mieux que moi la langue du pays s'entretenait avec les batteurs de nos projets pour la journée. Appuyé sur le canon de mon fusil j'étais un instant recueilli pour bien me pénétrer de tout ce que je voyais autour de moi pour la première fois quand un chant d'oiseau, suivi d'un cri de joie de nos hommes, vint annoncer le lever du soleil.

— Partons! me cria alors mon compagnon; et en un instant nos hommes se déployant en tirailleurs sur nos côtés commencèrent à battre les broussailles avec leur longue perche en bambou.

J'étais heureux en voyant le terrain immense

qui allait nous servir de champ de tir, et me proposais de ne point ménager mes jambes, quand j'aperçus filant à travers les ronces, un quadrupède ressemblant à s'y méprendre à un renard. J'épaulai et fis feu, le coup porta mais le plomb trop petit ne l'arrêta pas. C'était un chacal, paraît-il [1].

Un instant après, un lièvre débusqua à 20 pas de moi, je le tirai de suite avec le coup de gros plomb (5) afin de l'arrêter, les buissons épais ne me permettant pas d'espérer pouvoir doubler. C'est une bonne précaution d'agir ainsi, quand surtout comme dans l'Inde, on ne chasse pas avec des chiens (qui ne pourraient résister à la chaleur).

Nous continuâmes ainsi jusqu'à 9 heures et demie, tuant bon nombre de lièvres, plus communs que les perdrix à cet endroit; puis le soleil commençant à devenir chaud, nous ralliâmes vers la touffe d'arbres de haute futaie sous laquelle se trouvait notre voiture.

J'avais remarqué durant cette matinée, que

1. Le chacal est bien utile dans certains parages, parce qu'il mange les morts que les Indiens enterrent trop peu profondément. Ils permettent ainsi d'éviter souvent le choléra qui malgré cela fait encore quelquefois de bien sérieux ravages.

bien rarement je manquais un lièvre, tandis que
rarement au contraire je tuais une perdrix ; aussi
recommandai-je à notre chef batteur de bien observer mes coups lorsque je tirerais au vol.

Après un moment de repos, nous déjeunâmes,
pendant que nos hommes allaient en faire autant dans le village. Puis, allumant un cigare,
nous parcourûmes les journaux arrivés la veille
d'Europe.

Le soleil étant très chaud, nous renonçâmes
à prendre de suite nos fusils, et fîmes venir notre
chef batteur pour qu'il nous racontât une des
anecdotes de sa vie accidentée de grand chasseur.

Voici fidèlement son récit :

« Vous savez que depuis 40 ans je chasse les
grands animaux avec un fusil à un coup qui,
malgré le prix minime qu'il m'a coûté a cependant fait bon nombre de victimes.

« J'appris un soir par un des habitants d'un
village voisin, qu'un tigre causait de sérieux
ravages aux environs de son pays : « Je m'oc-
cuperai de lui un de ces jours, lui dis-je, annon-
cez cette nouvelle dans votre village. »

« Le lendemain j'allai trouver un de mes amis
chasseur comme moi, et après lui avoir fait part
des inquiétudes des régions fréquentées par cet

animal terrible, nous nous donnâmes rendez-vous pour le jour suivant.

« Le lendemain, à l'heure convenue, nous nous dirigeâmes vers l'endroit désigné qui se trouvait à une journée de marche.

« Tout en approchant du village, nous devînmes soucieux en ne voyant aucun grand arbre dans ces parages, attendu qu'on est moins en danger ainsi perché pour tirer le tigre.

« Nous creusâmes alors deux petits puits avec des outils empruntés dans le village (puits ayant 1 mèt. 50 de profondeur sur 60 cent. de diamètre environ) afin de nous dissimuler chacun de notre côté. Nous étant ensuite procuré un mouton, nous le fixâmes à un piquet à 30 mètres de nos puits.

« Le soleil jetait déjà ses rayons obliques sur la plaine immense et sauvage qui s'étendait au delà des broussailles qui nous entouraient, puis vint le crépuscule suivi bientôt des ténèbres.

« Attachant alors une oreille du mouton avec une des extrémités d'une ficelle, mon compagnon descendit dans le puits, tout en tenant l'autre extrémité de la ficelle qu'il se mit à tirer pour faire pousser des gémissements à l'innocente créature; je descendis de mon côté dans mon refuge et nous attendîmes.

« La lune se leva doucement au milieu du silence imposant de la nuit troublé lugubrement par moment par les cris plaintifs des chacals. De temps en temps aussi quelques hyènes labourant les buissons voisins de nos refuges, nous causaient des émotions faciles à comprendre.

«Il y avait trois quarts d'heure environ que nous étions postés ainsi, quand une sorte de grognement sinistre répercuté par les échos se fit entendre dans le lointain ; armant alors mon fusil, je jetais un regard scrutateur, quand ce même grognement rauque se fit de nouveau entendre par intervalles toujours plus rapprochés. Après un moment de silence, nous vîmes le tigre longeant un fourré à 150 mètres de nos refuges. Il vint à pas lents vers le milieu de la clairière au bord de laquelle se trouvait le mouton, puis s'arrêtant, il jeta autour de lui un regard inquiet ; et enfin poussant un cri formidable, se précipita sur le mouton qu'il saisit dans sa puissante mâchoire et s'apprêtait à fuir, quand mon compagnon fit feu. A son coup de fusil, le tigre blessé, lâchant sa proie, poussa un grognement rauque et courant vers le puits où se trouvait mon pauvre ami, allongea sa patte, et l'accrochant nerveusement, le sortit du trou, puis d'un coup de griffes lui ouvrit le ventre. Je bondis à son secours, et ajustant à 5 pas, je fis feu, et le tigre roula dans le puits, la tête fracassée par ma balle.

« A nos deux coups et nos cris, quelques habitants accoururent me prêter assistance. Nous emportâmes mon compagnon dans un état désespéré ; du secours fut demandé, et un docteur français, arrivant en toute hâte, le ranima d'abord puis lui rentrant les intestins, lui recousut le ventre. » *Cet homme, qui vivait encore lors de mon départ, continuait, parait-il, à chasser le tigre. Cette guérison fut avec raison considérée comme miraculeuse.*)

Vers cinq heures, le soleil devenant moins fort, nous reprîmes nos fusils. Avant que nous nous fussions mis en route, un lièvre déboucha à 15 pas de l'endroit où nous avions passé la journée. N'étant prêts ni l'un ni l'autre nous ne pûmes le tirer. Ce lièvre était resté gîté peut-être près de nous durant tout le temps que nous passâmes là.

Après quelques coups de fusil assez heureux, nous nous remîmes en voiture.

Avant de partir, je demandai au chef batteur s'il avait observé mes coups au vol. « Oui, me dit-il, vous tirez trop bas. » J'aurais dû m'en douter,

car mon fusil avait son point d'appui très éloigné
de la sous-garde, mais à ce moment, je commençais seulement à chasser sérieusement, et
ces détails passaient inaperçus, comme tant
d'autres que l'expérience m'obligea ensuite à
observer.

Le lendemain, je pris un petit sac en toile aux
bords duquel j'attachai séparément les deux extrémités d'une ficelle, puis le suspendant à ma
crosse, je posai mon fusil horizontalement sur
le dos d'un fauteuil en soutenant le canon de la
main gauche, puis versai de la main droite du
plomb dans le sac, jusqu'à ce que l'arme se
maintint horizontalement en équilibre avec le
point d'appui à 6 cent. en avant de la sous-
garde. Dévissant ensuite la plaque d'épaulement,
je fis faire une mortaise dans la crosse, et en-
chasser la quantité de plomb du sac, lequel avait
été auparavant fondu en un lingot ayant naturellement la forme de la mortaise. Ce lingot pe-
sait 290 grammes.

Le surlendemain, j'allai à 15 kilomètres de la
ville chasser quelques perdreaux qui m'avaient
été signalés, et je fus émerveillé de mon tir au
vol.

En m'en retournant, je vis d'énormes chauves-
souris passer au-dessus de ma voiture. Comme

il faisait beau clair de lune, je descendis, et en tuai sept avec d'assez fortes charges de poudre que supportait mon canon très lourd.

Ces chauves-souris dont les Indiens sont très friands ne mangent que des fruits ; malgré cela, je me souciai fort peu d'en goûter, et défendis bien qu'on en mît sur ma voiture avec le gibier, tellement l'odeur qu'elles répandaient était désagréable. De la grosseur d'un lapereau d'un mois et demi, elles sont très dures à tuer, à cause du poil très serré qui les protège (j'ai vu de ces chauves-souris à l'exposition permanente des colonies au Palais de l'Industrie).

Encouragé par la quantité de gibier que j'avais rencontré dans cette contrée, j'y retournai le dimanche suivant avec un bon tireur du pays ; mais quelle ne fut pas notre surprise quand, après avoir battu les mêmes régions et vu beaucoup de traces de lièvres, perdrix et cailles, nous ne pûmes lever une seule pièce. Pensant que quelques braconniers expérimentés avaient séjourné dans cette partie de la plaine, nous songions déjà à nous remettre en voiture, quand les batteurs nous assurèrent que le gibier voyageait souvent avec les changements de vent, dès qu'il vivait aux environs des lacs, étangs, cours d'eau ou marécages. Nous vérifiâmes le fait qui

prouva que nos hommes avaient raison. En effet
à un kilomètre de là se trouvait un grand lac
que nous tournâmes, et nous ne tardâmes pas
à lever en une heure plus de quarante pièces en
piquant droit vers le lac avec bon vent. Le gibier
doit rechercher aussi la fraîcheur un peu dans
tous les pays dès que la température reste plusieurs jours très élevée.

Après bon nombre de coups très heureux, surtout pour mon compagnon à qui toutes les pièces
partaient belles, une perdrix, qu'il venait de lever
par hasard un peu loin, me passa à 70 pas. Je
la tirai de mon coup gauche, et elle alla tomber
à 20 mètres environ du lac. Rechargeant rapidement je me dirigeais de ce côté, quand j'aperçus une cinquantaine de sarcelles environ qui,
levées sans doute par le bruit de mon coup de
fusil, tournoyaient en spirale en rasant l'eau. Je
courus rapidement vers un talus, et me cachant
derrière un gros arbre, j'attendis. Quand elles
furent à portée, je me démasquai au moment
où elles venaient sur moi. Dès qu'elles me virent,
elles s'élevèrent en éventail; ajustant vite, je
tirai mes deux coups (7 et 5). Huit sarcelles se
détachant de la bande tombèrent ici et là dans
l'eau. Mes batteurs s'élancèrent dans le lac, profond seulement de 60 centimètres environ, et

après force culbutes et plongeons suivis d'éclats de rire, parvinrent à en attraper 7 sur les 8 tombées. C'était certainement là un coup double comme on en fait rarement parce que rarement aussi les pièces réunies se présentent dans des conditions aussi favorables. Bravo! m'avait crié de loin mon compagnon, en voyant tomber cette grêle de sarcelles.

Encouragé par ce petit succès, je ne manquai que bien rarement le reste de la matinée, aussi fus-je roi avec dix pièces de plus que mon ami. Nous avions pris l'habitude de ne reconnaître roi que celui qui avait cinq pièces de plus que les autres. Ainsi, si je n'avais pas eu la chance de voir ces sarcelles, je n'aurais pas été roi parce que je n'aurais eu que trois pièces de plus que mon compagnon.

Il m'arrivait souvent qu'en retournant le soir, j'étais suivi par une bande de chacals attirés par les émanations du gibier qui se trouvait sur ma voiture. Comme alors ils poussaient leurs cris plaintifs qui, outre qu'ils m'empêchaient de dormir, me produisaient toujours une certaine impression, je les guettais et leur envoyais des coups de révolver par les fenêtres pendant qu'ils couraient au milieu des buissons. Ils me laissaient alors quelquefois la paix, mais le plus souvent, les mêmes ou d'autres (peu m'importait) recommençaient au bout de quelque temps leur sinistre vacarme, m'obligeant ainsi à rouvrir le feu. Il est probable que dans le nombre assez grand de balles ainsi tirées, quelques-unes ont dû toucher par hasard ces insupportables braillards, mais je me souciais peu à ces heures avancées de descendre de voiture pour m'aventurer dans les buissons qui pouvaient dissimuler quelques fauves ou serpents n'aimant pas à être dérangés. Pourquoi en effet s'exposer à être mordu, quand on peut faire autrement, me disais-je, et cette simple réflexion très humaine, timidement dictée par l'instinct d'une conservation intacte, éloignait de mon esprit tout sentiment d'orgueil cynégétique. Aussi remettais-je invariablement la tête sur l'oreiller pour essayer d'attirer un sommeil fugitif et capricieux constamment contrarié par les cris de ces vilaines bêtes. Ces carnivores déplaisants n'attaquent que l'homme impotent. J'en élevai un qui me mordit fortement la main pendant mon sommeil. Il m'a été raconté qu'une bande (nombreuse sans doute) s'était introduite une nuit chez un habitant très malade, et l'avait dévoré ; cela n'a rien de surprenant.

Je n'eus que trois fois l'occasion d'en tirer

avec mon fusil : j'en tuai deux, dont un assez gros. Comme cette fois j'étais chargé seulement avec du petit plomb, il s'enfuit après mon second coup, puis retombant, il allait de nouveau disparaître, quand rechargeant rapidement, je le tirai de nouveau, et il tomba cette fois pour ne plus se relever. Le premier que j'ai tiré, et que je croyais mort, s'élança sur un de mes batteurs qui l'évita en se jetant de côté, puis le chacal se relevant, piquait déjà sur moi, quand je l'arrêtai avec mon second coup.

J'avais souvent entendu dire que chaque bande était conduite par un chacal de la grosse espèce, et plusieurs fois même j'avais vu leurs traces que me montraient mes hommes ; les empreintes étaient si larges que je jugeai que le chef chacal devait être de la grosseur d'un loup.

En revenant de la chasse, un soir vers 5 heures et demie avec un de mes amis, nous étions arrêtés dans un assez grand bois traversé par un chemin de sable sur lequel se trouvait arrêtée notre voiture. Il y avait à peine cinq minutes que nous venions de descendre pour prendre un consommé et boire un verre d'eau, qu'une bande de chacals, attirés sans doute par les émanations de notre gibier, nous entoura en criant et courant dans les buissons. Nous précipitant sur nos fusils, nous courûmes chacun d'un côté. A peine avais-je fait vingt pas dans le bois, que j'entendis mon compagnon faire feu de ses deux coups. Le jour commençant à baisser, il me fut impossible d'apercevoir un seul de ces animaux dans l'endroit très fourré dans lequel j'étais engagé, aussi avais-je fait quelques pas pour revenir dans le chemin, quand tout à coup, un hurlement plaintif se fit entendre à 100 mètres environ : glissant rapidement une balle dans un canon, je donnai un coup de baguette et me mis en garde. A ce moment accourut mon compagnon qui me parut très impressionné. « Qu'avez-vous tiré? lui demandai-je. — Le chef chacal, me dit-il, il était à trente pas de moi dans une éclaircie ; à peine eut-il reçu mon coup de fusil, qu'il se coucha, et les autres se réunissant alors, montèrent presque tous sur lui pour le protéger. Je tirai à ce moment mon second coup, et ils disparurent. Mais le chien de tête est bien blessé, je vous assure, comme le prouve le hurlement lugubre et plaintif que vous venez d'entendre. »

Je promis alors à deux des batteurs une bonne récompense s'ils retrouvaient l'animal. Ils déclarèrent qu'à aucun prix ils ne s'aventureraient dans les fourrés toujours fréquentés à cette heure par les bêtes fauves. Ils nous encouragèrent même à remonter rapidement dans notre voiture. Nous ne nous le fîmes pas répéter.

Les chacals ont donc, comme cela m'avait été dit, un chef de bande qu'ils protègent en cas de danger.

La chaleur est si forte dans le Sud de l'Inde surtout que les voyages en voiture ne se font le plus souvent que la nuit, au clair de lune.

J'attendais avec impatience les fêtes indiennes qui allaient me permettre dans deux jours de prendre un peu de repos bien mérité, quand je reçus d'un fervent chasseur un mot ainsi conçu : « Partons après demain pour grande chasse à 45 milles dans l'intérieur; nous comptons absolument sur vous. Départ après dîner. »

Ces quelques mots eurent sur moi un pouvoir magique; en effet, la fatigue que je ressentais, il n'y avait qu'un instant, disparut comme par enchantement, entraînant avec elle toutes les petites préoccupations concernant mon travail, tandis que d'autre part ils faisaient jaillir de mon imagination des pensées engendrant d'avance de douces émotions cynégétiques.

J'appelai desuite mon boy pour lui annoncer cette bonne nouvelle qui le réjouit beaucoup, car il aimait à être témoin des incidents

qui font battre souvent le cœur de tout bon chasseur, poursuite des lièvres blessés surtout.

Bref, le surlendemain, j'expédiai mes armes
et mes munitions chez mon ami, puis, après un
bon bain je partis.

Quatre voitures à bœufs attendaient à sa
porte; une pour les armes, munitions, linge,
etc. et les trois autres pour les trois chasseurs. Ces voitures à deux roues ont à l'intérieur une planche, qui, une fois tirée, permet au voyageur de s'étendre et de dormir
avec le secours bien entendu d'un oreiller ou
de deux.

Après le dîner, nous attendîmes le lever de
la lune en fumant un cigare, puis nous partîmes. Les voitures suivirent un instant au trot
la grande route, puis prirent à travers les broussailles, conduites par des guides qui sont indispensables le plus souvent pour voyager ainsi
dans les contrées sauvages.

Au bout d'une heure, le sommeil venant, je
tirai ma planche, passai ma mauresque et m'a-
bandonnai dans les bras de Morphée.

Réveillé souvent par les épouvantables cahots
de ma voiture, j'avais chaque fois peine à me
rendormir, ennuyé que j'étais par les cris plaintifs des chacals qui, cette nuit-là, semblaient

s'être entendus tous pour devenir plus désagréables encore que de coutume.

Vers deux heures du matin, les voitures s'arrêtèrent, j'en demandai le motif à mon boy qui se trouvait sur le siège près du bouvier : « Ah ! me répondit-il, les guides se trouvent embarrassés chaque fois qu'un nuage un peu épais vient masquer la lune. » Après un quart d'heure les guides revenant après avoir exploré le terrain sauvage, les voitures se remirent en mouvement.

J'étais à demi assoupi, quand tout à coup j'entendis les cris des hommes entourant la première voiture. La croyant en danger, j'ouvris précipitamment ma portière, et sautai pour porter secours. Au même moment les guides se précipitant à la tête de mes bœufs les firent reculer brusquement. « Qu'y a-t-il ? demandai-je. — Ah ! me répondit l'un d'eux, la première voiture s'est embourbée dans un champ de riz » (qui comme on le sait pousse dans la vase) ; j'arrivai sur le lieu de l'accident et constatai en effet qu'elle s'était enfoncée jusqu'à l'essieu. Nous réveillâmes en hâte le jeune homme qui l'occupait et lui annonçâmes sa position critique. Se frottant les yeux il sauta sur la terre ferme, à la lueur de nos lanternes, bien utiles durant ce petit voyage depuis que la lune se trouvait à chaque instant masquée par de gros nuages noirs.

Nous nous consultâmes pour trouver le moyen de dégager le véhicule en détresse, puis nous attendîmes le jour.

Après deux heures de patience dans ce lieu sombre et sauvage, l'horizon se teinta de rouge et le jour vint. Faisant alors dételer les bœufs des deux premières voitures nous les attelâmes du mieux que nous pûmes à celle embourbée, et parvînmes après une demi-heure de lutte à la dégager complètement de cette vase très liquide dans laquelle nous craignions la voir s'enfoncer davantage.

Les guides nous déclarèrent alors qu'ils s'étaient trompés de direction, et que nous nous trouvions encore à environ cinq heures de marche du lieu de chasse.

Un peu contrariés, nous nous remîmes en route après avoir pris une tasse de café au lait.

Chemin faisant, les batteurs qui nous suivaient nous dirent que nous traversions depuis un moment une région fréquentée par les ours à miel. Voici comment on les chasse : on observe ou fait observer les sentiers qu'ils prennent le soir, et on va s'y coucher avant le jour.

Aux premières lueurs de l'aube, l'ours, pour rentrer dans sa tanière, reprend toujours le même sentier.

Lorsqu'il se trouve à dix pas du chasseur, celui-ci se lève. L'ours en l'apercevant, se dresse sur ses deux pieds de derrière et en grognant vient sur le chasseur qui le tire à balle.

Cette chasse, on le conçoit, n'est faite que par les hommes ne perdant jamais leur sang-froid, attendu que s'ils manquent l'ours, l'ours lui ne les manque pas.

Vers 11 heures nous descendîmes à l'ombre d'un bouquet d'arbres, prîmes quelque nourriture et continuâmes notre petit voyage.

Après avoir supporté une chaleur intense trois heures durant, les guides nous annoncèrent qu'ils apercevaient la haute futaie vers laquelle nous nous dirigions.

A cette nouvelle, un soupir de satisfaction s'échappa de nos poitrines, car nous avions hâte de sortir de ces voitures dans lesquelles nous étions horriblement ballottés.

Un kilomètre nous séparait à peine de l'endroit dans lequel nous devions séjourner, quand deux perdrix partirent à cinq ou six pas de mes bœufs; je me sentis comme électrisé. Oubliant la fatigue et les dangers de la chaleur, j'ouvris précipitamment la portière, et courant à la voiture aux munitions, armes, etc., je retirai mon carnier, pris mon fusil et me lançai dans les broussailles, accompagné de mon boy. Mes deux compagnons en m'apercevant, passèrent la tête par une fenêtre, et se mirent à faire le télégraphe pour protester et m'engager à revenir sur ma détermination. L'idée me vint alors de tirer un coup de fusil dans les buissons; cinq minutes après tous deux arrivaient avec leur arme, leur carnier et leurs batteurs, je souris doucement en constatant le succès de mon petit moyen très facile à suivre comme on le voit, puis j'allai au devant d'eux. A peine en ligne avec nos trente batteurs, que le feu commença.

Ping! pan! — Qu'est-ce que c'est? — Un lièvre à vous! poum! Il y est. — Brrr... ping! prrr... pan! Qu'est-ce que c'est? — Coup manqué sur perdrix de Chine. — Ping! pan! il y est! Ah il se relève, errré coquin! mais à vous donc voyons! — Vois pas! — Derrière! — Ah oui poum! mort — Prrr! ping! pan! — Bravo! coup double sur des perdrix.

Et ainsi de suite durant deux heures. Enfin le soleil commençant à jeter ses derniers rayons sur la plaine immense garnie de broussailles, nous mîmes sur l'épaule nos fusils chauds encore, et entourés de nos hommes portant le gibier attaché à des bâtons, nous ralliâmes les voitures gardées par les bouviers. Puis, pendant que nous nous passions un peu d'eau fraîche sur la figure, nos boys étendaient par terre une petite nappe et mettaient le couvert.

On pluma quelques perdrix qu'on enfila avec une petite baguette, et on les fit rôtir devant un bon feu d'épines.

Après dîner, la lune s'étant levée resplendissante, nous allumâmes un cigare et nous promenâmes un instant sur la modeste route qui menait au village ; puis enfin rentrant dans nos voitures, nous attendîmes le sommeil qui ne tarda pas à venir réparer nos forces.

Le lendemain, un peu avant le jour, nous fûmes sur pied. Les batteurs avaient comme de coutume allumé un grand feu d'épines autour duquel ils causaient et chantaient, pendant que chauffait notre café au lait. (Pour avoir d'excellent café au lait versez le lait dans le filtre au lieu de verser de l'eau.)

Dès que les premières lueurs du jour teintèrent l'horizon, nous nous mîmes en ligne avec les batteurs frappant et fouillant toujours les broussailles sur nos côtés.

Il y avait à peine trois minutes que nous marchions, quand deux lièvres débusquèrent près de mon voisin ; mais l'endroit était si fourré qu'il n'en put apercevoir qu'un qu'il roula admirablement, quoique très difficile à tirer. Bon nombre de perdrix nous partirent, entre autres 7 ou 8 perdrix de Chine qui s'élevèrent près de moi, mais je ne les tirai pas, les prenant pour des tourterelles. Les batteurs ayant remarqué l'endroit où elles s'étaient reposées, je les relevai et en abattis une. Beaucoup plus petite que la perdrix rouge que nous avions seule dans l'Inde, elle vole absolument comme la tourterelle faisant à son départ de petites ondulations qui rendent le tir difficile. Son plumage chiné et très serré est ravissant. On les abat plus facilement avec du petit plomb qu'avec du 4, 5 ou 6.

Après une heure de chasse dans ces broussailles difficiles à pénétrer, nous fîmes une conversion à gauche nous dirigeant vers une longue colline garnie de petites herbes au milieu desquelles se trouvaient de loin en loin des buissons et surtout des roches. Une fois là, l'un des jeunes gens suivit la crête de la colline, pendant que le second marchait à mi-côte, et moi dans le bas. Après 25 pas environ, le feu commença. Nous n'avions pas le temps de charger nos fusils à baguette, tellement les lièvres se succédaient avec rapidité. Rarement chassés, ils tenaient bien et ne se levaient que derrière nous la plupart du temps ; dès que j'en eus fait la remarque, je recommandai à mes hommes de cesser de se servir de leur longue perche, ce qu'ils firent ; c'est grâce à cette précaution que je fus le plus heureux. Nous continuâmes ainsi jusqu'à 9 heures, rapportant bon nombre de perdrix et quatorze lièvres (il n'y a pas de lapin dans l'Inde). Si le temps eût été couvert, nous eussions pu rapporter 200 pièces, attendu qu'il nous eût été possible de chasser 8 heures au lieu de 3 heures.

Le gibier ne se conservant que difficilement, nous donnâmes 40 pièces aux batteurs et aux hommes du village, ne gardant que quelques cailles et perdrix pour notre diner (en prenant la précaution de leur verser dans le bec une petite cuillerée de vinaigre).

Nous devions recommencer le lendemain, mais aux premières lueurs du jour, on vint nous annoncer que le choléra s'était déclaré dans le village voisin, aussi nous remîmes-nous en voiture, et rentrâmes-nous en ville sous un soleil brûlant et au milieu d'une poussière rougeâtre soulevée par un vent de feu.

Il faut avoir l'amour de la chasse poussé bien loin pour supporter avec résignation tant de fatigues et de tribulations.

Ah! chasseurs de ce pays privilégié, vous ne connaissez pas votre bonheur, parce que vous n'avez jamais été contraints à satisfaire votre noble passion dans un climat brûlant, parce que jamais vos joies cynégétiques n'ont été troublées par les inquiétudes et les émotions quelquefois violentes que font éprouver les reptiles, les fauves et de temps à autre les hommes de l'intérieur. Aussi m'arrive-t-il chaque fois que depuis mon retour je chasse en plaine ou au bois, d'éprouver des joies inexprimables en faisant des comparaisons entre les contrées sauvages ingrates et brûlantes de l'Inde, et ces plaines fertiles, ces prairies généreuses émaillées de fleurs légères que berce une brise douce et pure. J'éprouve cette joie surtout, quand me souvenant des horribles bois fourrés presque impénétrables habités par toutes sortes de reptiles et carnassiers dangereux, je les compare aux tirés et aux buissons de ces forêts pleines d'air et de lumière, dont le silence n'est troublé que par le passage de quelque timide lapereau dans l'herbe encore humide des pleurs de la rosée, ou par les gazouillements charmants de l'humble fauvette se balançant gracieusement à la branche touffue de l'ormeau.

. . . .

Chassant un matin à quelques mètres d'un lac voisin d'un village, j'attendais que les batteurs tournassent des broussailles que je venais de leur montrer du doigt, quand je sentis quelque chose me frôler le pied gauche, puis je vis l'herbe remuer au bord d'un buisson. Me jetant rapidement en arrière je portais déjà mon fusil à l'épaule, quand mon porte-carnier, passant subitement sur ma droite, poussa un cri de terreur, et me tirant brusquement par le bras m'obligea à franchir une touffe d'épines qui se touvait à deux pas de moi.

Après quelques bonds rapides je me dégageai et me mis en garde, ne perdant pas des yeux l'endroit que je venais de quitter. A ce moment les batteurs accoururent et m'engagèrent à m'éloigner le plus vite possible. Arrivé sur un petit monticule, j'eus l'explication, que mon boy momentanément paralysé par la peur, était incapable de me donner. Le frôlement que je venais de sentir à mon pied gauche avait été produit par un boa énorme, paraît-il, qui depuis plusieurs mois fréquentait ces parages.

Pour prendre ce reptile doué d'une force extra-ordinaire, le moyen employé par les Indiens est très simple. Ils attachent un mouton dans un buisson, et le monstre vient la nuit, le saisit, puis s'enroulant autour de son corps, lui brise les os, l'allonge et l'avale. Il s'endort ensuite profondément. Les Indiens profitent de ce sommeil qui dure trois mois, pour tuer le boa avec de simples bâtons.

Je m'expliquai la terreur de mon boy et l'excusai, en apprenant que le monstre aurait pu s'enrouler autour de l'un de nous, et l'étouffer en lui brisant les os.

Les serpents dangereux sont nombreux dans l'Inde, surtout dans certains parages: mais ils seraient plus nombreux encore sans l'usage original établi dans leurs familles de croquer souvent les nouveau-nés, malgré les protestations assez naturelles de ces tout petits innocents. Quel est le parent serpent chez lequel l'affection se trouve ainsi exprimée, est-ce chez l'oncle ou chez la belle-mère du papa? Je l'ignore, mais je sais que dans le pays, c'est la belle-mère qui est fortement soupçonnée.

Les serpents sont détruits aussi par un quadrupède que l'on nomme mangouste dans la contrée, lequel ressemble beaucoup au blaireau, sauf la tête et la queue; en effet, le museau de la mangouste est fin, ses yeux sont petits, très vifs, et rouges, la queue ordinaire.

Il y a une infinité de variétés de serpents, depuis le minuscule serpent-minute dont la morsure laisse à peine le temps de faire les adieux à ceux qu'on aime (tellement son venin est violent), jusqu'au boa dont nous venons de parler.

C'est le soir généralement, ou après la pluie, que les reptiles sortent de leur trou. Je ne l'ignorais plus quelques jours après mon arrivée dans l'Inde, et cependant mon amour pour la chasse était tel, que j'osai un jour prendre mon fusil après une pluie d'orage. Deux des jeunes gens avec lesquels je me trouvais suivirent mon imprudent exemple. Mais après un quart d'heure de marche dans les broussailles, nous fûmes forcés de battre en retraite devant le nombre toujours croissant de ces perfides reptiles. En un si court laps de temps nous en avions tué quinze à nous trois. Mais je ne recommençai plus cette imprudente fantaisie, et chaque fois qu'il venait de pleuvoir, je mettais une sourdine à ma passion.

On tue des serpents dans presque toutes les chasses, et cependant rarement on est témoin d'un accident, et c'est d'autant plus surprenant qu'on chasse toujours très légèrement chaussé et vêtu. Il faut, je crois, attribuer cette bonne chance à ce fait d'abord, que le serpent dort beaucoup, puis à celui-ci, c'est qu'il ne mord que quand on marche sur lui : tous les animaux sont bien un peu comme le serpent certainement, et il n'est pas nécessaire d'en avoir été témoin pour en être convaincu. J'ai connu un Indien qui n'avait que les os et la peau depuis qu'il avait été mordu par un serpent.

Le plus grand que j'aie tué avait 2ᵐ.72, il n'était pas dangereux, paraît-il, ce dont je n'étais absolument convaincu que parce que je le voyais mort, aussi en profitai-je pour lui marcher sur la queue en le narguant.

Parti avant le jour dans une voiture à bœufs avec un de mes amis pour chasser dans un bois éloigné seulement de quelques kilomètres de la ville, nous arrivâmes au bout d'une heure sur le lieu de chasse où seize batteurs nous attendaient.

Le jour commençait à peine à poindre quand mon compagnon placé à l'extrémité du bois avec mes hommes se mit en chasse en rabattant sur moi.

Il y avait cinq minutes que, le fusil sous le bras, j'écoutais attentivement en regardant du côté des rabatteurs, quand j'entendis, du côté opposé, un bruit de feuilles sèches et de branches se brisant. Surpris, je tournai la tête pour trouver la cause du bruit dont je venais d'être témoin, quand j'aperçus dans la demi-obscurité deux yeux fauves me fixant, puis une tête qui me parut être d'un assez gros volume ; m'avançant alors pour ne pas être gêné par les branches, je me mis en garde. Après un moment d'hésitation l'animal se découvrit complètement en faisant quelques pas lents vers moi, tout en me montrant les dents. Je reconnus à ce moment une magnifique hyène rayée. N'ayant dans mes canons que du 7 et du 5 trop faibles pour un tel animal à cette distance 60 mètres), je m'avançai lentement avec l'espoir que la hyène accepterait le duel ; mais effrayée, elle se jeta de côté et disparut se dirigeant droit vers mes hommes. Glissant alors rapidement une balle dans un canon, je m'élançai pour lui couper la route tout en donnant l'alarme par un signal convenu.

Les batteurs que je rencontrai bientôt ne l'avaient même pas aperçue, ce qui me surprit ; mais nous retrouvâmes ses traces que nous suivîmes jusqu'à une crevasse qui se trouvait à 200 mètres du bois, dans les broussailles de la plaine.

Ces crevasses profondes, produites sans doute par la température excessive jointe à la séche-

resse, sont, au bout de quelque temps, recou-
vertes de sable retenu par les racines étirées et
découvertes au moment du déchirement de la
terre ; les herbes ne tardent pas à pousser et à
compléter cette sorte de toiture naturelle. C'est
alors que les chacals, hyènes et autres bêtes fauves se réfugient dans ces crevasses. Pour les en
déloger, on se sert de fusées volantes. Mais ce
moyen n'est efficace que quand la déchirure
s'est produite en ligne droite, le moindre coude
ou courbe arrêtant la fusée.

Je glissai une seconde balle dans mon fusil, et
mon compagnon descendant ensuite à l'entrée
de la crevasse y fit feu de ses deux coups et re-
monta rapidement, puis j'attendis avec l'espoir
de voir sortir la hyène. Après un quart d'heure
de silence inutile nous continuâmes notre chasse.

Dans le courant de février, mois pendant lequel les tigresses aveuglées par les maux d'yeux
s'égarent jusque dans les villes et villages, j'eus
le désir de chasser le lièvre et la perdrix. Faisant venir mon chef batteur, je lui demandai
s'il y avait chance de faire quelques pièces aux
environs du grand étang qui se trouvait à 3 ou
4 kilomètres de la ville. Il m'engagea à renoncer
pour le moment à mon désir, les Indiens du
village voisin ayant l'avant-veille tué une tigresse

aveuglée par les maux d'yeux, tandis que deux
tigres qui l'accompagnaient n'avaient pu encore
être rejoints. « Ces jeunes tourtereaux, ajou-
ta-t-il, ne peuvent être bien loin, c'est pourquoi
je vous conseille d'attendre. »

Quinze jours après, je mettais mon projet à
exécution, les renseignements concordant tous à
prouver (autant que possible) la disparition des
deux jouvenceaux. Mais malgré ces renseignements, je pris quelques précautions; en effet
glissant une balle dans le canon gauche du fusil
que je tenais entre les mains, j'en chargeai un
second à balles et le fis porter par mon boy.

Mon chef batteur, à qui j'avais bien recommandé d'être présent, nous dirigea vers l'endroit où la tigresse avait été tuée, puis nous fit
voir les traces des tigres qui chaque soir
étaient venus boire dans l'étang.

Il y avait un quart d'heure à peine que nous
marchions, quand nous passâmes près de hautes
herbes sèches dans lesquelles je fis signe à mes
hommes de ne pas entrer, leur montrant, pour
les détourner, quelques buissons éloignés vers
lesquels ils se dirigèrent. Me retournant à ce
moment je ne vis pas mon boy à qui j'avais bien
recommandé cependant de ne pas s'écarter.
Pensant qu'il ne pouvait pas être bien loin,

j'attendis un instant, puis l'appelai en élevant la voix. Se trouvant à ce moment de l'autre côté des hautes herbes, il eut la mauvaise idée de vouloir les traverser pour couper à court. A peine eut-il fait quelques pas, qu'il se mit à crier, puis perdant la tête, il s'enfuit du côté où je ne me trouvais pas. Effrayé je m'élançai vers l'endroit d'où partaient les cris, convaincu que le brave homme était poursuivi par les tigres. Dès qu'il m'aperçut, il se dirigea de mon côté, toujours en criant et agitant les bras. Je le rejoignis et tâchai en vain de lui arracher le fusil chargé à balles, mais il se sauva comme un fou pendant que m'arrêtant court je fis face aux hautes herbes d'où je croyais à chaque instant voir sortir les terribles carnassiers. Après une minute d'attente, je me retournai et vis mes hommes s'enfuir à leur tour à toutes jambes dans la direction du village. Ne comprenant rien, puisque je ne voyais pas de tigre, je songeais déjà à rentrer, quand le chef batteur qui seul s'était arrêté et dissimulé derrière un buisson, vint à moi étonné de son côté d'être témoin de cette fuite subite des batteurs. Nous nous dirigeâmes tous deux vers mon boy qui assis très loin au pied d'un arbre, se lamentait en disant qu'il allait mourir parce qu'il venait d'être mordu par un très mauvais serpent. Je regardai la jambe qu'il croyait avoir été victime, et ne vis absolument que quelques égratignures d'épines. Mais le moral de cet homme était tellement affecté, que je jugeai prudent de rentrer au village pour qu'un médecin indien pût le rassurer. Nous pressâmes le pas, et une demi-heure après, l'esculape du pays déclarait que mon boy n'avait nullement été mordu, quoique, paraît-il, le serpent ait touché sa jambe. Je demandai qu'il lui administrât un narcotique (soporatif) ce qu'il fit, et le pauvre homme s'endormit.

A ce moment les batteurs revinrent près de nous.

« Ah ça, mes braves ! leur dis-je, pourquoi diable vous êtes-vous tout à coup sauvés? »

Ils me regardèrent alors d'un air si surpris que je ne pus tenir mon sérieux, puis engagèrent entre eux une vive discussion durant laquelle chacun accusait son voisin de l'avoir effrayé et entraîné. Ils finirent enfin par avouer qu'ils s'étaient sauvés parce qu'ils croyaient que mon boy avait vu les tigres. Je leur fis remarquer que dans le cas où il en aurait été ainsi, ces terribles animaux eussent de préférence couru sur eux, précisément parce qu'ils s'enfuyaient, puis leur recommandant dans un cas semblable d'agir toujours ainsi à l'avenir, je les remerciai pour cette fois de leur générosité. A ces mots, mon chef batteur fut pris d'un tel fou rire, que les batteurs déconcertés disparurent comme par enchantement, se disputant et s'accusant réciproquement plus que jamais d'avoir provoqué cette course vertigineuse qui eût pu mettre leur vie en danger.

Après le déjeuner, le temps devenant orageux, je renonçai au projet que j'avais formé d'aller tirer quelques gibiers d'eau sur l'étang, et demandai à mon chef batteur, grand chasseur de tigre comme vous le savez, de vouloir bien me raconter une anecdote intéressante. A ce moment entrèrent deux de mes amis. Le boy, remis de son indisposition, apporta des fauteuils, nous allumâmes un cigare, puis après un moment de silence le chef batteur commença son récit que je notai le lendemain :

« Il y a de cela quelques années, dit-il, un tigre royal causait la terreur d'un des districts du Nord. Trois chasseurs anglais, ayant eu connaissance du fait, se proposèrent de délivrer le pays de ce dangereux carnassier. Prenant un guide parfaitement au courant des endroits que fréquentait l'animal aux différents moments de la journée, ils partirent, armés chacun d'une carabine de précision. Excellents tireurs, ils ne voulurent écouter aucun des sages conseils venant contrarier leur projet.

« Le soleil n'avait pas encore paru, que déjà les oiseaux chantaient dans les branches.

« Après une demi-heure de marche, le guide, s'arrêtant, jeta un coup d'œil scrutateur, et montrant du doigt quelques fourrés éloignés, engagea les trois chasseurs à se diriger silencieusement de ce côté; puis se faisant remettre la somme convenue, il s'en retourna au village.

« Les trois Anglais baissant alors leur carabine, se mirent en marche, se touchant les coudes. Il y avait dix minutes qu'ils se dirigeaient lentement vers l'endroit désigné, quand ils virent à 150 mètres le tigre sortant d'un fourré. L'un d'eux épaulant sa carabine, fit feu; et quoiqu'excellent tireur il ne l'atteignit pas hélas! — L'animal, s'arrêtant alors, les fixa un instant d'abord, puis continua sa route se dirigeant vers un des fourrés voisins.

« Et les oiseaux chantaient toujours.

« Les chasseurs remarquèrent bien l'endroit où il était entré et s'avancèrent à pas rapides pour ne point lui donner le temps de s'éloigner davantage. Une fois là ils fouillèrent un premier buisson, puis deux, sans jamais s'écarter l'un de l'autre, et après un moment de recherches ils passèrent dans un fourré voisin qu'ils commençaient déjà à battre, quand le tigre sortant silencieusement de l'endroit qu'ils venaient de quitter, bondit sur eux, et d'un coup de patte détacha presque la tête de l'un tandis qu'il mordait cruellement le cou de son voisin auquel il restait suspendu. Le troisième chasseur, effrayé à la vue du tigre si près de lui, pressa involontairement la détente, et l'animal roula, la tête fracassée par la balle, tandis que son compagnon, le cou meurtri, s'affaissait sur le corps du premier, et tous deux expiraient au bout de quelques secondes. Le survivant, terrifié et ému à la vue d'un tel spectacle, jeta sa carabine et se mit à sangloter sur les cadavres de ses deux pauvres compagnons. »

Et les oiseaux chantaient toujours.

. . . .

Après un moment de silence, le chef batteur continua :

« Il y a un mois à peine (1869), deux cavaliers anglais suivaient au pas une grande route par un temps couvert. Il était environ 3 heures de l'après-midi. Tout à coup, les chevaux dressant les oreilles s'arrêtèrent court. Les deux cavaliers étonnés jetèrent un coup d'œil tout autour d'eux d'abord, puis sur la plaine de sable que traversait la route ; n'apercevant rien, ils éperonnèrent les chevaux qui, se dressant sur leurs pieds de derrière, se mirent à hennir. Au même instant un tigre bondit sur l'un des cavaliers et, le détachant de la selle, s'enfuit, l'emportant vers un grand bois assez éloigné. Quand l'Anglais put maîtriser sa monture, il se retourna sur sa selle et ne vit plus hélas ! son pauvre compagnon. Il partit alors ventre à terre avertir le chef du district du malheur qui venait d'arriver. Le lendemain, le gouvernement organisa une battue d'office.

« Cent hommes déployés en tirailleurs, et munis de tam-tams, crécelles, etc., battaient les parages fréquentés par le tigre, tandis que les chasseurs, tous excellents tireurs, attendaient postés en ligne au bord d'un grand bois. Il y avait 3/4 d'heure que les rabatteurs étaient en marche, faisant avec leurs instruments un bruit infernal, quand tout à coup, le tigre sortant d'un fourré épais, bondit sur eux et força leur ligne en tuant six hommes.

« Aux cris poussés par les Indiens, les chasseurs très éloignés accoururent en toute hâte, mais ils ne purent que constater le carnage sans apercevoir le tigre.

« Le lendemain, on recommença la battue en mettant cette fois les meilleurs tireurs dans la ligne des rabatteurs.

« On marchait depuis une bonne heure, quand tout à coup le tigre poussant un grognement formidable courut comme la veille sur les rabatteurs. Un coup de feu le blessant légèrement le rendit furieux, un second coup le fit rouler en lui cassant une patte, mais se relevant aussitôt il fondit sur la ligne et fit 6 nouvelles victimes. Il allait disparaître quand une balle l'étendit raide mort cette fois.

« On suivit ses traces, et on arriva à un rocher creux qui lui servait de repaire. Là un spectacle horrible s'offrit aux yeux des chasseurs. Dix-huit têtes humaines et des ossements épars blanchissaient la mousse tout au tour du rocher. On s'expliqua alors les disparitions qui répandaient la terreur dans tous les environs. Ce tigre se rasant le long des routes saisissait les voyageurs qu'il emportait là pour les dévorer.

« Quand le tigre a mangé une fois de l'homme il ne vit plus que de chair humaine, mais cette nourriture lui donne invariablement la gale. Aussi s'acharne-t-on bien plus contre ces carnassiers dès qu'on constate sur eux cette éruption trahissant cette déplorable habitude. »

Ces détails émouvants après nous avoir fait ouvrir de grands yeux (un peu effrayés peut-être) nous encouragèrent à pencher de préférence pour la chasse aux lièvres ; c'est moi qui penchai le premier (je l'avoue) mais les autres se laissèrent entraîner sans résistance.

Le tigre se chasse de quatre manières, ajouta le chef batteur :

Soit à pied et en battue.
Soit perché sur un arbre.
Soit blotti dans un trou creusé en terre.
Soit enfin monté sur un éléphant dressé pour cela.

La chasse en battue et à pied n'est guère pratiquée qu'en cas de force majeure. Nous venons de voir comment.

Quand pour tirer le tigre on se perche sur un arbre, on a soin de s'armer d'une petite hache et d'un révolver de gros calibre, attendu que le carnassier grimpe à l'arbre aussi facilement qu'un chat.

Pour l'attirer, on attache un mouton à un piquet et à une de ses oreilles l'extrémité d'une ficelle dont on tient l'autre extrémité que l'on tire pour faire crier la pauvre petite bête. On fait de même (comme vous le savez) quand on se blottit dans des trous pour tirer le tigre.

Pour ces deux sortes de chasse, il est essentiel de posséder un grand sang-froid, un sûr coup d'œil, et un fusil ayant un long canon. Il est prudent en outre d'être au moins deux, surtout quand on est blotti dans un trou.

Le moyen suivant est le meilleur pour chasser le tigre, et s'il n'est pas plus souvent préféré, c'est uniquement parce qu'il est très couteux.

On place sur un éléphant une sorte de grande baignoire à banquettes dans laquelle montent les chasseurs. Le pachyderme, bien dressé pour cette sorte de chasse, lève sa trompe quand il sent le tigre, pousse un cri dès qu'il l'aperçoit, puis se dirige vers lui. Quand une balle bien placée arrête le carnassier, l'éléphant s'avance jusqu'à lui, et pliant la jambe droite (s'il n'est pas gaucher) écrase le tigre avec son genou. Si la balle au contraire n'a fait que le blesser, le terrible animal s'arrête, regarde de quel côté vient la fumée du coup de fusil, et charge l'éléphant auquel il livre combat en faisant des bonds prodigieux durant lesquels celui-ci l'abat avec de violents coups de sa trompe. Pendant ce temps les chasseurs tirent et tuent le plus souvent le tigre, mais si par hasard ils le manquent, celui-ci, vaincu en s'attaquant à l'éléphant, s'adresse à l'homme qui armé d'une lance est attaché assis sur la croupe du pachyderme.

On a vu quelquefois le tigre rester vainqueur dans ce terrible combat, soit en bondissant sur le dos de l'éléphant en évitant les coups de lance, soit en se cramponnant à la trompe du colosse qui éprouve alors une telle douleur, qu'il se roule sur le dos, écrasant ainsi les chasseurs. Mais ce fait est rare.

Quand le tigre n'a pas été touché par le coup de feu, il poursuit la plupart du temps sa route sans s'occuper de ses ennemis.

Le chef batteur me parla ensuite des braconniers et de leurs prouesses.

Je serais trop long si je vous entretenais de tout ce qu'il m'a dit sur ce chapitre, aussi ne vous citerai-je que les moyens employés par les Indiens pour prendre en plein jour les canards sauvages et les perdrix.

Voici comment ils attrapent les canards.

Pour conserver l'eau fraîche, on se sert dans le pays d'assez volumineux récipients sphériques en terre cuite très poreuse. Les braconniers laissent flotter ces récipients tantôt dans les lacs, tantôt dans les étangs les plus fréquentés par les gibiers d'eau, qui petit à petit s'habituent à ces sphères voyageuses. Quand l'Indien s'aperçoit qu'il en est ainsi, il plonge et vient introduire sa tête dans un de ces récipients, puis regardant par deux petits trous, il nage doucement assez près de la bande pour saisir par les pattes plusieurs canards qu'il accroche à une ceinture bien disposée pour cela.

Pour prendre les perdrix en plein jour, ils tendent un filet à l'extrémité d'un champ de menus grains, et poussent ces oiseaux vers ce filet, en faisant louvoyer dans le champ un bœuf dressé, que l'un d'eux dirige, en lui tordant légèrement la queue tout en marchant accroupi derrière lui. Mais, me direz-vous, le braconnier ne s'expose-t-il pas dans cette position, à ce qu'un accident naturel vienne de temps à autre le surprendre désagréablement? Cela n'arrive pas, attendu que dès qu'il est témoin de la tension révélatrice de la queue, il se met de côté. J'ai vu deux Indiens avec deux bœufs prendre ainsi 23 perdrix dans une journée.

Les chasseurs indiens ont en général des fusils à pierre. Ceux de l'intérieur, qui fabriquent eux-mêmes leurs armes, ont des fusils sans batterie, un simple trou sert à communiquer le feu à la poudre; ils se mettent à deux pour tirer; tandis que l'un épaule et ajuste, l'autre met le feu à l'aide d'une corde en bourre de coco. Ne tirant la plupart du temps qu'au posé, et de près, ils tuent, même les grands animaux, quoique des cailloux en grenailles remplacent le plus souvent le plomb. Ces cailloux qu'ils ramassent dans des torrents sont presque sphériques et ma foi très lourds relativement.

L'arme la plus curieuse de cette contrée est l'arc à balle. Cet arc a deux cordes presque parallèles, écartées l'une de l'autre de deux centimètres au moyen d'un petit cylindre en bois (gros comme un crayon) placé à 15 centimètres environ du bout supérieur de l'arc vu dans la position de tir. A l'endroit auquel on place l'encoche de la flèche avec l'arc ordinaire, se trouve cousue aux deux cordes qui la tendent, une petite toile de deux centimètres de large au plus. C'est sur cette petite toile que se place la balle en plomb ou en terre glaise. (Les collégiens la remplacent par une bille.)

Pour la lancer, on la pince avec le pouce et l'index de la main droite, puis attirant les cordes comme avec la flèche, on lâche la balle en éloignant l'arc du corps et en faisant faire à la main qui le tient, un petit mouvement obligeant les cordes à se porter en avant tout en poussant la balle qui ainsi lancée va à des distances surprenantes.

Quelques Indiens sont très adroits avec cet arc.

Après un assez long séjour dans cette partie de la colonie, je quittai l'Inde où la chaleur eût fait de moi une nouvelle victime, et revins dans ce climat doux et sympathique s'harmonisant si bien avec l'esprit gaulois que je retrouve avec joie dans toutes les réunions cynégétiques de ce paradis des roses.

Paris. — Typ. G. Chamerot, 19, rue des Saints-Pères. — 19730.

www.ingramcontent.com/pod-product-compliance
Lightning Source LLC
LaVergne TN
LVHW021844170726
843503LV00003B/1061